ノートα 化学基礎

はじめに

　21世紀はまさに，これから，みなさんが切り開いていく時代です。20世紀には，科学技術は飛躍的に進歩し，便利で豊かな生活を実現したかにみえましたが，SDGsに示される問題が顕在化してきました。例えば，地球環境問題や，薬害や新型ウイルスなどの問題です。またその他にも化石燃料の枯渇に代表されるようなエネルギー問題もあります。

　しかしこれからの時代，是非みなさんが，化学の力を十分に活用して，現在我々が抱えている多くの問題を解決し，人類に明るい未来を実現してほしいと願うところです。

　化学基礎で学ぶことは，実際に日常に生じる現象と深く結びついています。それらは，**実験・観察を通して，原理や法則を理解する**とともに，**実験結果を化学的に考察する**探究的学習をすることで，日常での現象と，いきいきとつながっていきます。本書を通して，化学基礎を探究していきましょう。

編著者　東京理科大学教授　川村康文

本書の特色

- ●化学基礎の学習内容を，要点を絞って掲載しています。
- ●1単元を2ページで構成しています。単元のはじめには，問題を解く上での重要事項を ⊘ **POINTS** として解説しています。
- ●1問目は，図や表を用いた空所補充問題です。重要な図表を確認しましょう。

目次

① 混合物と純物質

解答▶別冊P.1

📝 POINTS

1 純物質と混合物

① **純物質**…塩化ナトリウム，水，酸素などのように1種類の物質だけからできているものを**純物質**という。融点，沸点，密度など固有の性質を示し，1つの化学式で表すことができる。

② **混合物**…2種類以上の物質が混じり合ったものを**混合物**という。物理的な方法で分離することができる。

2 混合物の分離・精製……混合物から目的の物質をとり出すことを**分離**といい，とり出した物質から不純物をとり除くことを**精製**という。

① **昇華法**…昇華しやすい物質を気体にし，再び固体にする。

② **抽出**…混合物から目的の物質を溶かし出す。

③ **クロマトグラフィー**…物質によってろ紙などに吸着する力が異なることを利用する。

その他，ろ過，蒸留，再結晶などもある。

□ **1** 次の混合物の分離について，①〜⑥に適当な語句を記入しなさい。

名称	方法	例
（①　　　　　）	液体とその液体に溶けない固体をろ紙でこして分ける。	泥水 ⟶ 泥，水
（②　　　　　）	液体を加熱し，生じた気体を冷却して再び液体にして分ける。	塩化ナトリウム水溶液 ⟶ 塩化ナトリウム，（③　　　　）
（④　　　　　）	液体の混合物を沸点の違いを利用し，蒸留して分ける。	液体空気 ⟶ 酸素，（⑤　　　　　）
（⑥　　　　　）	固体の混合物を加熱し，直接気体になるものを分離する。	ヨウ素と塩化ナトリウムの混合物 ⟶ ヨウ素を取り出す

□ **2** 次の物質を純物質，混合物に分け，記号で答えなさい。

ア	食塩水	イ	硫黄
ウ	ダイヤモンド	エ	ドライアイス
オ	スクロース（ショ糖）	カ	海水
キ	オゾン	ク	空気
ケ	花崗岩	コ	ヨウ素
サ	石油	シ	牛乳

純物質（　　　　　　　　　　　　　）

混合物（　　　　　　　　　　　　　）

✓ Check

↳ **2** 物理的な方法で分離できるものが**混合物**。水溶液は混合物である。

□ **3** 次の文の①～⑧に適当な語句を記入しなさい。

　自然界に存在する物質の多くは，2種類以上の物質が混ざり合った（①　　　）である。（　①　）は，ろ過・蒸留などの方法によって，その成分物質であるいくつかの（②　　　）に分離することができる。蒸発しやすい成分を，蒸発しにくい成分から分離する操作を（③　　　）という。また，2種類以上の液体を含む混合物から沸点の違いを利用して分離する方法を（④　　　）という。液体とその液体に溶けない固体を（⑤　　　）などを用いて分離する操作を（⑥　　　）という。

　構成粒子が規則正しく並んでいる固体を（⑦　　　）という。不純物が混じった固体を，熱水などに溶かし，冷却すると，溶解度の差によりほぼ純枠な（　⑦　）をとり出すことができる。この操作を（⑧　　　）という。

> **Q確認**
>
> **分　留**
>
> 　沸点の異なる2種類以上の液体を含む混合物を，**蒸留**によって分離することを**分留**という。分留は，液体空気から窒素や酸素を分離するときや，原油からガソリンや灯油などを分離するときに用いられる。

□ **4** 右の図は海水を蒸留するようすを表している。これについて，下の問いに答えなさい。

(1) 器具**A**～**E**の名称を書きなさい。

A（　　　　　　　　　）

B（　　　　　　　　　）

C（　　　　　　　　　）

D（　　　　　　　　　）

E（　　　　　　　　　　　　　）

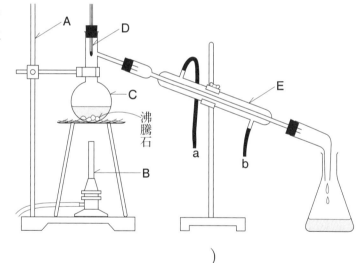

(2) 器具**D**の下端の位置は，どこがよいか，書きなさい。

（　　　　　　　　　　　　　　　　　　）

(3) 冷却水を流す方向はア　a→b，イ　b→aのどちらか，記号で答えなさい。　　　　　　　　　　　　　　（　　　）

(4) 沸騰石を入れる目的を書きなさい。

（　　　　　　　　　　　　　　　　　　）

(5) **C**に1Lの容器を使用する場合，中に入れる液体の量として次のいずれが最もよいか，記号で答えなさい。　　　（　　　）

ア　約200 mL　　イ　約500 mL　　ウ　約800 mL

↳ **4** (2)温度計は，留出してくる蒸気の温度をはかるために設置している。

(3)冷却管に水がたまり冷却効果を高めるには，水をどちらから流すとよいか考える。

② 元素・単体・化合物

✎ **POINTS**

1 **純物質**……単体と化合物に分類される。

① **単体**…1種類の元素からなる。
　　例　酸素，窒素，硫黄，鉄

② **化合物**…2種類以上の元素からなる。
　　例　水，二酸化炭素，塩化ナトリウム

③ **同素体**…同じ元素からなる単体どうしであるが，性質は異なる。
　　例　酸素とオゾン
　　　　赤リンと黄リン
　　　　黒鉛とダイヤモンドとフラーレン
　　　　斜方硫黄と単斜硫黄とゴム状硫黄

2 **元素と元素記号**

① **元素**…物質を構成する基本的な成分。原子は粒子であり，元素はその種類名である。現在約120種が知られている。日本では原子番号113のニホニウム(Nh)が発見された。

② **元素記号**…元素の種類をラテン語などの頭文字からとって表した記号。大文字1個または大文字1個と小文字1個で表す。
　　例　酸素：O，水素：H，塩素：Cl

□　**1**　次の表の①〜㉔に適当な元素記号，元素名を記入しなさい。

元素記号	元素名	元素記号	元素名	元素記号	元素名
(①　　)	水素	(⑨　　)	フッ素	(⑰　　)	アルゴン
He	(②　　)	Ne	(⑩　　)	K	(⑱　　)
(③　　)	リチウム	(⑪　　)	ナトリウム	(⑲　　)	カルシウム
Be	(④　　)	Mg	(⑫　　)	Fe	(⑳　　)
(⑤　　)	炭素	(⑬　　)	アルミニウム	(㉑　　)	銅
B	(⑥　　)	Si	(⑭　　)	Zn	(㉒　　)
(⑦　　)	窒素	(⑮　　)	リン	(㉓　　)	臭素
O	(⑧　　)	Cl	(⑯　　)	I	(㉔　　)

□　**2**　次の純物質を単体と化合物に分け，記号で答えなさい。

ア　塩化ナトリウム　　　イ　水
ウ　硫酸　　　　　　　　エ　ドライアイス
オ　炭酸カルシウム　　　カ　銅
キ　オゾン　　　　　　　ク　ダイヤモンド
ケ　エタノール　　　　　コ　水銀

　　　　　　　単　体(　　　　　　　　　　　　　)
　　　　　　　化合物(　　　　　　　　　　　　　)

✅ **Check**

↳ **2** 1種類の元素からなるものが**単体**で，2種類以上の元素からなるものが**化合物**である。

□ **3** 次の文中の下線部は，元素，単体のどちらを表しているか，それぞれ答えなさい。

(1) 空気中には，<u>酸素</u>が約20%含まれている。（　　　　　）

(2) 魚の骨には，<u>カルシウム</u>が多く含まれている。（　　　　　）

(3) 水を電気分解すると，<u>水素</u>と酸素が得られる。（　　　　　）

(4) 体内で<u>鉄</u>が不足すると貧血になる。（　　　　　）

(5) <u>塩素</u>は酸化力が強く，水道水の殺菌に利用される。

（　　　　　）

□ **4** 次の組み合わせのうち，同素体の組み合わせを選びなさい。

ア　赤リンと黄リン　　　イ　二酸化炭素と一酸化炭素

ウ　ダイヤモンドと黒鉛　エ　酸素とオゾン

オ　水と過酸化水素　　　カ　単斜硫黄とゴム状硫黄

（　　　　　）

□ **5** 次の文の①～⑥に適当な語句を記入しなさい。

物質を構成している基本的な成分を（①　　　　　）といい，（①　）記号で表される。水素や酸素のように，1種類の（①　）からできているものを（②　　　　　）という。ダイヤモンドと黒鉛のように，同じ元素からできていて，性質の異なる（②　）を（③　　　　　）という。

2種類以上の（①　）からできている物質を（④　　　　　）という。（②　）や（④　）は一定の性質を示し，（⑤　　　　　）といわれる。2種類以上の（⑤　）が混じり合っている物質を（⑥　　　　　）といい，その性質は成分の割合により変化する。

□ **6** 次の記述のうち，正しいものをすべて選びなさい。

ア　水素原子はそれだけで単体である。

イ　一酸化炭素と二酸化炭素は同素体である。

ウ　オゾンは酸素原子のみからできているので単体である。

エ　二酸化炭素とドライアイスは同素体である。

オ　塩化ナトリウムは純物質であるが，塩化ナトリウム水溶液は混合物である。

カ　純物質の融点・沸点・密度などの物理的な性質は，圧力などの条件が決まっても一定とは限らない。

（　　　　　）

↳ **3** **元素**は物質（化合物）を構成している成分の種類を示し，**単体**は具体的に存在する物質を示す。

↳ **4** 同じ元素からできている性質の異なる単体を互いに**同素体**という。

↳ **5** **純物質**には H_2, Cl_2, O_2 のように1種類の元素からなるものと，HCl, H_2SO_4, CH_4 などのように2種類以上の元素からなるものがある。

↳ **6** 水素原子が2個結びついて単体の水素分子となる。

ドライアイスは二酸化炭素の固体である。

水溶液はいずれも混合物である。

> **Q確認**
> **化合物と混合物**
> 　**化合物**は2種類以上の元素からなる。
> **混合物**は2種類以上の純物質からなるが，結びついていることはなく，混じり合っているだけである。

③ 物質の三態と熱運動

解答▶別冊P.2

✐ POINTS

1 **粒子の拡散と熱運動**……一方の容器に閉じこめておいた気体が，もう一方の容器へ広がるように，物質が自然に広がっていく現象を**拡散**という。気体だけでなく，液体中の物質でも見られる。拡散は，粒子が熱運動をするために起こる。

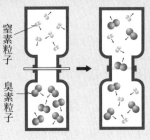

窒素粒子

臭素粒子

2 **熱運動**……物質を構成する個々の粒子が，いろいろな速さでいろいろな向きに絶えず不規則な運動をくり返す。これを**熱運動**という。

3 **絶対温度**……物質の温度は，それをつくる粒子の熱運動の激しさに対応する。温度が低くなると熱運動はゆるやかになり，−273℃になると，ついにとまってしまう。この温度を**絶対零度**といい，これより低い温度はない。これを原点として定めた温度を**絶対温度**といい，単位には K（ケルビン）を用いる。

4 **物質の三態**……温度や圧力の変化によって**固体**，**液体**，**気体**と物質の状態が変化することを**状態変化**という。

□ **1** 下の図は，水の状態変化について示したものである。次の①〜⑤に適当な図や語句をかき入れなさい。

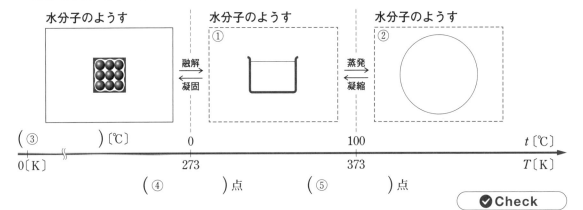

□ **2** 次の文の（ ）に適当な語句を記入しなさい。

(1) 日常よく用いている温度は，（① ）といい，単位記号は（② ）を用いる。一方，化学変化のようすを調べるときは，（③ ）を用いることが多く，その単位記号は（④ ）を用いる。0℃を（ ③ ）で表すと，（⑤ ）である。

(2) 温度とは，物質をつくっている原子や分子の不規則な運動，

✅ **Check**

↪ **2** セルシウス温度と絶対温度の温度の目盛間隔はどちらも等しい。

すなわち(① _____)の激しさの程度を示す量である。温度を下げていったとき，すべての原子や分子の熱運動がとまる温度を(② _____)といい，絶対温度では(③ _____)K，セルシウス温度では(④ _____)℃である。

(3) 物質が，固体から液体になるときや，液体から気体になるときは(① _____)を吸収している。このとき加えられた熱は，(② _____)や(③ _____)に使われる。状態が変化する間，物質の(④ _____)は変化しない。

□ **3** 水の状態変化について，①〜⑨に適当な語句を記入しなさい。

氷は，水分子間にはたらく引力(分子間力)により一定の間隔を保って(① _____)している(② _____)体であるが，熱を加えて(③ _____)℃になると，決まった位置を離れて運動を始める。このとき(④ _____)という(⑤ _____)体になる。さらに熱を加えて(⑥ _____)℃になると，すべての水分子が(⑦ _____)を始め，やがて(⑧ _____)という(⑨ _____)体になる。

↪ **3** 状態変化は，分子間にはたらく分子間力と熱運動に関係し，そのようすによって状態が変わる。

□ **4** 物質の状態変化について，次の問いに答えなさい。

(1) a〜fの各変化を何といいますか。

a (_____)   b (_____)

c (_____)   d (_____)

e (_____)   f (_____)

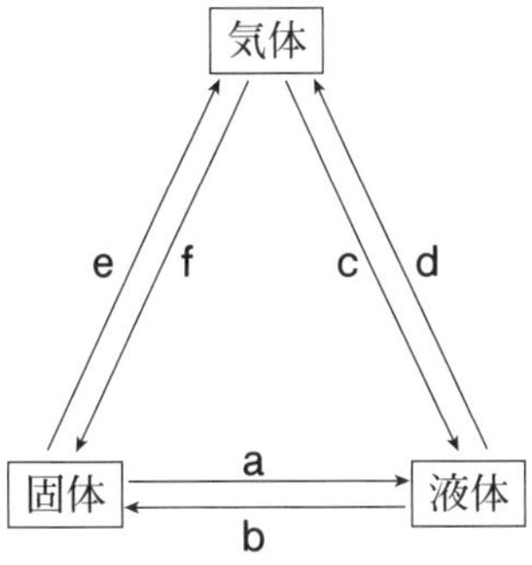

(2) 次の変化はa〜fのどれにあたりますか。

気体

e / f   c \ d

固体 ──a── 液体
    ──b──

① 氷が水になる。 (_____)

② 二酸化炭素の気体がドライアイスになる。 (_____)

③ 水が水蒸気になる。 (_____)

④ 洗濯物が乾く。 (_____)

⑤ コップに水滴がつく。 (_____)

⑥ たんすの中の防虫剤がなくなる。 (_____)

⑦ チョコレートがとける。 (_____)

(3) 二酸化炭素が液体になることはありますか。ある場合，どのようなときか，簡潔に答えなさい。 有無(_____)

ある場合(_____)

↪ **4** (3)状態変化は温度だけでなく，圧力によっても影響を受ける。

④ 原子の構造

解答▶別冊P.2

📝 POINTS

1 原子の構造

① 原子の構造

原子核 { 陽　子…正電荷
　　　　 中性子…電荷なし

電子…負電荷

② 原子番号と質量数

陽子数＋中性子数＝**質量数** ⟶ ^4_2He
陽子数（＝電子数）＝**原子番号** ⟶

2 同位体……陽子の数が同じでも，中性子の数が異なるため質量数が異なる原子どうしを互いに同位体（アイソトープ）であるという。

3 原子の電子配置

① **電子殻**…原子核に近い内側からK殻，L殻，M殻…。各電子殻に入りうる電子数は，$2,\ 8,\ 18,\cdots 2n^2$ となる。$(n=1,\ 2,\ 3,\cdots)$

② **電子配置**…原則として，原子番号の増加につれて，内側のK殻から順に満たされる。

③ **価電子**…最外殻にある電子を**価電子**といい，価電子数は，その電子の化学的性質に関係がある。貴ガスの価電子数は0とする。

□ **1** 次の表の①〜⑮に入る適当な元素記号または数値を答えなさい。

元素記号	原子番号	陽子数	中性子数	質量数	電子数
①	2	②	③	4	④
⑤	⑥	⑦	⑧	12	6
O	⑨	8	8	⑩	⑪
⑫	17	⑬	18	⑭	⑮

(①　　　)　(②　　　)　(③　　　)　(④　　　)
(⑤　　　)　(⑥　　　)　(⑦　　　)　(⑧　　　)
(⑨　　　)　(⑩　　　)　(⑪　　　)　(⑫　　　)
(⑬　　　)　(⑭　　　)　(⑮　　　)

□ **2** 次の電子配置の文について①〜④に適当な記号，数値を記入しなさい。

右図で示される電子配置をもつ原子の元素記号は（①　　　）で，陽子の数は（②　　　）個である。価電子数は（③　　　）個である。また，この原子の電子配置をK(2)，L(4)のように記すと（④　　　　　　　）となる。

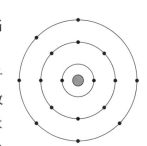

✓ Check

↳ **2** 陽子数＝電子数
　　　＝**原子番号**
　　陽子数＋中性子数
　　　＝**質量数**

□ **3** 次の文の①〜⑤に適当な数値，語句を記入しなさい。

原子の電子殻は，内側から順に K 殻($n=1$)，L 殻($n=2$)，M 殻($n=3$)……とよばれている。K，L，M 殻に収容できる電子の最大数はそれぞれ，2，(①　　　　)，(②　　　　)個であり，自然数 n を用いて表すと(③　　　　)個となる。

原子中の電子のうち，最も外側の電子殻にある 1〜7 個の電子は化学結合に関係しており，(④　　　　　　)とよばれる。例えば酸素原子は(⑤　　　　)個の(④　　　)をもっている。

↳ **3** 原子番号が 6 の炭素原子の電子配置は K 殻に 2 個，L 殻に 4 個で，価電子数は 4 個である。

□ **4** 次のア〜エの記述のうち，誤っているものはどれか，すべて記号で答えなさい。

ア　質量数とは，原子核に含まれている陽子数と中性子数の和である。

イ　^{16}O，^{17}O，^{18}O は互いに同素体である。

ウ　陽子の数，中性子の数，質量数のすべてが同じものを同位体という。

エ　^{13}C 原子と ^{14}N 原子では中性子の数は同じである。

(　　　　　　　　　)

↳ **4** イ・ウ．陽子数が同じで，中性子数が異なる元素を互いに**同位体**という。
エ．C 原子，N 原子の原子番号は，それぞれ 6，7 である。

□ **5** 次の原子の電子配置を右の例にならって表しなさい。

(1)　$_8O$　　　　　　(2)　$_{13}Al$

(例)　　$_6C$

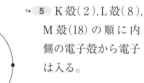

(　　　　　　　)(　　　　　　　)

↳ **5** K 殻(2)，L 殻(8)，M 殻(18)の順に内側の電子殻から電子は入る。

□ **6** 次のア〜オの原子について，互いに価電子数が等しい原子はどれとどれか記号で答え，選んだものを **5** の例にならって表しなさい。

ア　$_4Be$　イ　$_6C$　ウ　$_{13}Al$　エ　$_{14}Si$　オ　$_{17}Cl$

記号(　　　　　　　)

電子配置(　　　　　　　)(　　　　　　　)

↳ **6** 最外殻電子の数が 1〜7 個の原子では最外殻電子を**価電子**という。

⑤ 元素の性質と周期律

解答 ▶ 別冊P.3

📝 POINTS

1 元素の周期表
① **元素の周期律**…元素を原子番号順に並べると性質の似た元素が周期的に現れる。
② **周期表**…周期律に従い，元素を原子番号順に並べた表。**メンデレーエフ**がその原型をつくった。

2 周期と族
① **周期**…周期表の横の行。第1～第7周期。
② **族**…周期表の縦の列。1～18族。

③ **同族元素**…同じ族に属する元素群。Hを除く1族元素を**アルカリ金属**，2族元素を**アルカリ土類金属**，17族元素を**ハロゲン**，18族元素を**貴ガス**という。

3 典型元素と遷移元素
① **典型元素**…1，2，13～18族の元素。金属元素と非金属元素がおよそ半分ずつ。
② **遷移元素**…3～12族の元素。すべてが金属元素である。

□ **1** 下の表の周期表の一部について，①～⑯に適する元素記号を記入しなさい。

族 周期	1	2	3	4	5	6	7	8	9	10	11	12	13	14	15	16	17	18
2	①	Be											B	②	③	O	④	⑤
3	Na	⑥											⑦	Si	⑧	⑨	Cl	Ar
4	⑩	⑪	Sc	Ti	V	Cr	Mn	⑫	Co	Ni	⑬	⑭	Ga	⑮	As	Se	⑯	Kr

① (　　　)　② (　　　)　③ (　　　)　④ (　　　)　⑤ (　　　)　⑥ (　　　)

⑦ (　　　)　⑧ (　　　)　⑨ (　　　)　⑩ (　　　)　⑪ (　　　)　⑫ (　　　)

⑬ (　　　)　⑭ (　　　)　⑮ (　　　)　⑯ (　　　)

□ **2** 周期表の概略図について，次の問いに答えなさい。

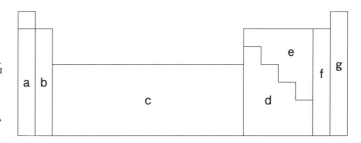

(1) a，b，c，f，gに適する名称を選びなさい。

　ア　遷移元素　　イ　貴ガス
　ウ　アルカリ金属
　エ　ハロゲン
　オ　アルカリ土類金属

　a (　　　)　b (　　　)　c (　　　)　f (　　　)　g (　　　)

(2) リンなどの非金属元素が含まれているのはa～gのどこか，すべて選びなさい。　(　　　　　　　)

(3) 電子親和力が最大になる元素のある領域はa～gのどこか，答えなさい。　(　　　)

✓ Check

↳ **2** (3)電子親和力が大きい ⟶ 陰イオンになりやすい。

□ **3** 第2周期の典型元素について，次の問いに答えなさい。
(1) 第2周期の17族の元素の価電子数はいくつですか。

(　　　　　)

(2) 第2周期で価電子数4の元素の族番号を記しなさい。(　　　　　)

↳ **3** (1)貴ガスを除く典型元素では，族番号が2けたの場合，族番号から10を引いた数が価電子数である。

□ **4** 次の文の①〜⑪に適当な語句を記入しなさい。

元素を(① 　　　　　　)の順に並べていくと，(② 　　　　　　)の数は規則的に変化する。それにつれて原子の(③ 　　　　　　)エネルギーも周期的に変化する。性質が類似した元素が縦の列に並ぶように配列したものを元素の(④ 　　　　　)という。(④)の横の行を(⑤ 　　　　)，縦の列を(⑥ 　　　　)という。同じ(⑥)に属する元素群を(⑦ 　　　　　)といい，水素以外の1族元素を(⑧ 　　　　　)，2族元素を(⑨ 　　　　　　)，17族元素を(⑩ 　　　　　　)，18族元素を(⑪ 　　　　　)という。

↳ **4** 元素を原子番号順に並べると，よく似た性質が周期的に現れる。これは，原子の**価電子数**が周期的に変化するためである。

□ **5** 次の各元素を，(1)典型元素で金属元素 (2)典型元素で非金属元素 (3)遷移元素に分類しなさい。

ア N　イ Ca　ウ Cl　エ Na　オ Cu
カ P　キ Ag

(1)(　　　　　)　(2)(　　　　　)　(3)(　　　　　)

↳ **5** 1，2，13〜18族が**典型元素**。3〜12族が**遷移元素**。

□ **6** 下の周期表の一部について，あとの問いに答えなさい。

族\周期	1	2	……	13	14	15	16	17	18
2	①	Be		②	③	④	O	⑤	Ne
3	Na	⑥		⑦	Si	⑧	⑨	⑩	Ar

(1) ①〜⑩の元素を元素記号で記しなさい。

(① 　　)　(② 　　)　(③ 　　)　(④ 　　)
(⑤ 　　)　(⑥ 　　)　(⑦ 　　)　(⑧ 　　)
(⑨ 　　)　(⑩ 　　)

(2) 元素③の原子番号はいくらですか。(　　　　　)

(3) 元素⑦の価電子数はいくつですか。(　　　　　)

〔武庫川女子大一改〕

↳ **6** (2)原子番号は原子核中の陽子数で，周期表は原子番号順に並んでいる。
(3)典型元素では，貴ガスを除き価電子数は族番号の1の位の数と一致する。

⑥ イオン結合

解答▶別冊P.4

📝 POINTS

1 イオン結合，イオンの生成

① **イオン結合**…原子と原子が結合する際，一方の原子が陽イオンに，他方が陰イオンになり，静電気的な引力（クーロン力）で引き合っている結合を**イオン結合**という。

② **陽性**…原子が電子を離し，陽イオンになりやすい性質を**陽性**という。

$$A \rightarrow A^+（安定）＋ 電子$$

③ **陰性**…原子が電子を受けとり，陰イオンになりやすい性質を**陰性**という。

$$B ＋ 電子 \rightarrow B^-（安定）$$

④ **周期表とイオン**…周期表では，Na や Mg のような左下の金属元素の原子は陽性が強く，反対に F や O のように周期表の右上の非金属元素の原子は陰性が強い。

2 イオン化エネルギーと電子親和力

① **イオン化エネルギー**…原子が電子を離し，陽イオンになるのに必要なエネルギーを原子の**イオン化エネルギー**という。イオン化エネルギーの**小さな**原子ほど**陽イオン**になりやすい。

$$A \xrightarrow[\text{↓エネルギーを得る}]{\text{イオン化エネルギー}} A^+$$

② **電子親和力**…原子が電子を受けとり，陰イオンになるときに外部に放出するエネルギーを**電子親和力**という。電子親和力の**大きな**原子ほど**陰イオン**になりやすい。

$$B \xrightarrow[\text{↑エネルギーの放出}]{\text{電子親和力}} B^-$$

③ **イオン結合の強さ**…イオンの価数が大きく，イオンの大きさが小さいものどうしほど，イオン結合の強さは大きい。

□ **1** 次の①〜⑦に適当な語句を記入しなさい。ただし，①〜④には陽，または陰の語を入れること。

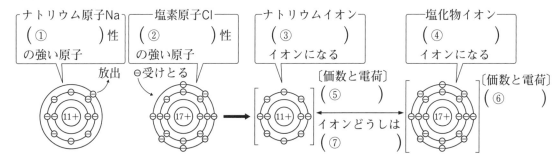

□ **2** 次の原子がイオンになったときの名称とイオンを表す化学式を答えなさい。

(1) Mg　名称（　　　　　）　化学式（　　　　）

(2) Cl　名称（　　　　　）　化学式（　　　　）

(3) O　名称（　　　　　）　化学式（　　　　）

(4) Al　名称（　　　　　）　化学式（　　　　）

> ✅ **Check**
>
> ↪ **2** 各原子が周期表のどの位置にあるかで陽イオンになるか，陰イオンになるかがわかる。

□ **3** 次の図1，図2は，それぞれ原子のイオン化エネルギー，また電子親和力を表している。これらの図を参考にして，原子番号20までの元素について，次の問いに答えなさい。

> ↪ **3** イオン化エネルギーの小さな原子ほど陽イオンになりやすい（陽性が強い）。

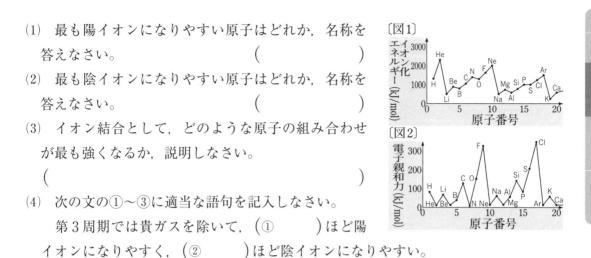

(1) 最も陽イオンになりやすい原子はどれか，名称を答えなさい。　　　　　　（　　　　　　　　）

(2) 最も陰イオンになりやすい原子はどれか，名称を答えなさい。　　　　　　（　　　　　　　　）

(3) イオン結合として，どのような原子の組み合わせが最も強くなるか，説明しなさい。
（　　　　　　　　　　　　　　　　　　　　　　　）

(4) 次の文の①〜③に適当な語句を記入しなさい。
　　第3周期では貴ガスを除いて，（①　　　　　）ほど陽イオンになりやすく，（②　　　　　）ほど陰イオンになりやすい。また，第2，3周期を比べると，周期表の（③　　　　　）にある原子は陽性が強く，陽イオンになりやすい。

□ **4** 次の文を読み，あとの問いに答えなさい。

　　周期表の中には，族の番号とその族に含まれる元素の性質との間に，はっきりとした規則性がある元素群と，そうでない元素群がある。前者を（a　　　　　　）といい，（b　　　　　　）と（c　　　　　　　）がほぼ半分ずつ含まれる。後者を（d　　　　　　）といい，すべて金属元素である。また，原子が陽イオンになりやすい性質を（e　　　　　），陰イオンになりやすい性質を（f　　　　）という。（a）については，原子の（g　　　　　）の数と生成する単原子イオンの価数に密接な関係がある。たとえば，1族の原子は1個の（g）をもち，これを放出して1価の陽イオンを生成しやすい。一方，17族の原子は（①　　　）個の（g）をもつため，（②　　　）個の電子を受けとって（③　　　）価の陰イオンを生成しやすい。生成する単原子イオンの電子配置は，その元素の（h　　　　　）に最も近い（④　　　）族元素と同じ電子配置となる。

(1) 文中のa〜hに適当な語句を記入しなさい。

(2) 文中の①〜④に適当な数値を記入しなさい。

(3) 第2周期の元素の中で，イオン化エネルギーが最も大きい元素は何か，元素記号で答えなさい。　　　　　　（　　　　　　）

(4) 第2周期の元素の中で，電子親和力が最も大きい元素は何か，元素記号で答えなさい。　　　　　　（　　　　　　）

(5) 下線部について，e, fが強い元素の性質の特徴を，イオン化エネルギーや電子親和力という語句を用いて50字程度で説明しなさい。

（　　　　　　　　　　　　　　　　　　　　　　　）

〔甲南大－改〕

4 同じ族に含まれる元素間にはっきりとした規則性のあるものを**典型元素**という。

(5)イオン化エネルギーの小さな原子ほど電子を離しやすく陽性が強い。また，電子親和力の大きな原子ほど陰性が強い。

⑦ イオン結合からなる物質

解答▶別冊P.4

📝 POINTS

1 結晶とイオン結晶

① **結晶**…原子などの粒子が規則正しく配列し，単位となる形が繰り返し並んだ固体を**結晶**という。

② **イオン結晶**…イオン結合でできた物質の結晶を**イオン結晶**という。

例 塩化ナトリウム $NaCl$（食塩）は，同じ数の Na^+ と Cl^- とが交互に並んだイオン結晶。

2 イオンからなる物質の性質とその表し方

① **イオン結晶の性質**…イオン結晶からなる物質は，一般に融点や沸点が**高く**，常温・常圧では固体である。固体ではイオンは動けず電気を通さないが，水溶液中では**電離**して電気を通すようになる。

② **組成式**…成分元素とその原子の数を，最も簡単な整数比で表した化学式を**組成式**という。

例 塩化カルシウム $CaCl_2$

□ **1** 次の表の中の陽イオンと陰イオンの組み合わせでできるイオン結晶について，( )に組成式，[ ]にその名称を記入しなさい。

陰イオン ＼ 陽イオン	NH_4^+ アンモニウムイオン	Ca^{2+} カルシウムイオン	Al^{3+} アルミニウムイオン
Cl^- 塩化物イオン	(①) [②]	(③) [④]	(⑤) [⑥]
SO_4^{2-} 硫酸イオン	(⑦) [⑧]	(⑨) [⑩]	(⑪) [⑫]
PO_4^{3-} リン酸イオン	(⑬) [⑭]	(⑮) [⑯]	(⑰) [⑱]

□ **2** 次のイオンからできる物質の組成式と名称を答えなさい。

(1) K^+ と Cl^-　　　組成式(　　　)　名称(　　　)

(2) Mg^{2+} と CO_3^{2-}　　組成式(　　　)　名称(　　　)

(3) Al^{3+} と OH^-　　組成式(　　　)　名称(　　　)

(4) Fe^{3+} と SO_4^{2-}　　組成式(　　　)　名称(　　　)

□ **3** 次の物質を組成式で表しなさい。

(1) 塩化マグネシウム　　　　　　　(　　　)

(2) 硫化亜鉛　　　　　　　　　　　(　　　)

(3) 硫酸アルミニウム　　　　　　　(　　　)

✅ **Check**

↳ **2** **組成式**では，陽イオン・陰イオンの**価数×個数**の値がそれぞれ等しくなるように個数を求める。

↳ **3** (1)それぞれのイオンの価数は，Cl^-(1価)，Mg^{2+}(2価)。

□ **4** イオン結合でできた物質についての次の記述のうち，誤っているものを1つ選びなさい。

ア 水に溶けると電離する。

イ 一般に結晶は硬くてもろいものが多い。

ウ 一般に融点や沸点の低いものが多い。

エ 塩化ナトリウムはイオン結合でできた物質である。

オ 一般に金属元素と非金属元素との化合物はイオン結合でできている。 　　　　　　　　（　　　　　　）〔北海道工業大〕

↪ **4** イオン結合の性質としては，硬くてもろく，融点や沸点が高い。水溶液では電離するなどがある。

□ **5** イオン結晶に関する次の記述のうち，誤っているものをすべて選びなさい。

ア 融点が低く，蒸発しやすい。

イ 金属元素と非金属元素の化合物が多い。

ウ 結晶の状態でよく電気を通すが，水溶液では電気を通さない。

エ 組成式で表される分子からできている。

オ 展性や延性に富む結晶である。 　　　　　（　　　　　　　　）

↪ **5** イオン結合によってできている結晶がイオン結晶で，分子のような最小単位はない。

□ **6** 図の単位格子のように，塩化ナトリウムの結晶は，塩化物イオン（●印）とナトリウムイオン（○印）が交互に並んでいる。これについて，次の問いに答えなさい。

(1) Na^+に接している Cl^- の個数を求めなさい。 　　　（　　　　　　）

(2) 単位格子中に Na^+ と Cl^- はそれぞれ何個含まれているか，答えなさい。 　　Na^+（　　　　）　Cl^-（　　　　　　）

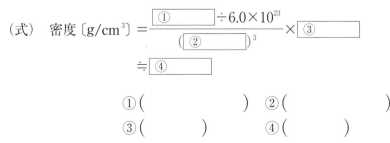

(3) 単位格子の1辺の長さを $5.6×10^{-8}$ cm とすると，この結晶の密度は何 g/cm³ になるか，下の①～④に数値を記入しなさい。ただし，原子量は $Cl=35.5$，$Na=23$ とする。

（式）　密度〔g/cm³〕＝ $\dfrac{\boxed{①}\ ÷6.0×10^{23}}{(\boxed{②})^3} × \boxed{③}$

　　　　　　　　　≒ $\boxed{④}$

①（　　　　　　）　②（　　　　　　）
③（　　　　　）　④（　　　　　）

↪ **6** (2)単位格子の各頂点にあるイオンは，単位格子の中に8分の1個含まれている。

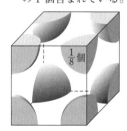

1/8個

(3)密度＝質量÷体積
NaとClが $6.0×10^{23}$ 個集まると，58.5 g になる。

（→ p.30 参照）

⑧ 分子と共有結合

解答▶別冊P.5

📝 POINTS

1 分子と共有結合

① **分子と分子式**…水は水素原子2個と酸素原子1個が結びついた粒子である。このように，いくつかの原子が結びついてできた粒子を**分子**という。分子は構成する原子の元素記号と原子の数を示した**分子式**で表す。

② **共有結合**…2個以上の原子の間で価電子を共有してできる結合を**共有結合**という。共有結合をつくる電子対を**共有電子対**，結合に関係しない電子対を**非共有電子対**という。結合する前の対になっていない電子を**不対電子**という。原子が互いの不対電子を共有して共有電子対となる。

2 分子を表す電子式と構造式

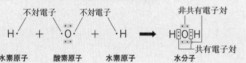

水素原子　　酸素原子　　水素原子　　水分子

① **電子式**…元素記号のまわりに，価電子を点「・」で表した化学式を**電子式**という。

② **構造式**…原子間の1組の共有電子対を，1本の線「－」(**価標**という)で表した化学式を**構造式**という。

　例　H－H　　　O＝C＝O　　　N≡N
　　　H:H　　:Ö::C::Ö:　　:N⋮⋮N:
　　　単結合　　　二重結合　　　三重結合

③ **原子価**…構造式で，1つの原子から出る価標の数。原子によって決まっている。

3 配位結合
……結合する原子間で，一方の原子の非共有電子対が他の原子に与えられてできる共有結合を特に**配位結合**という。

　例　オキソニウムイオン H_3O^+
　　　アンモニウムイオン NH_4^+ など

4 錯イオン
……金属イオンに分子やイオンが配位結合してできるイオンを**錯イオン**という。

□ **1** 次の分子式の表を完成させなさい。

分子式	O_2	N_2	H_2O	NH_3	CH_4	HCl
名称	(①　　　)	(⑤　　　)	(⑨　　　)	(⑭　　　)	(⑲　　　)	(㉔　　　)
電子式	(②　　　)	(⑥　　　)	(⑩　　　)	(⑮　　　)	(⑳　　　)	(㉕　　　)
構造式	(③　　　)	(⑦　　　)	(⑪　　　)	(⑯　　　)	(㉑　　　)	(㉖　　　)
原子価	(④　　　)	(⑧　　　)	H(⑫　　) O(⑬　　)	N(⑰　　) H(⑱　　)	C(㉒　　) H(㉓　　)	H(㉗　　) Cl(㉘　　)

□ **2** 次の文の①～⑤に適当な語句を記入しなさい。

2個の原子間で，それぞれの原子の(①　　　　　)を互いに共有してできる結合を(②　　　　　)といい，共有されている電子対を(③　　　　　)という。

H^+ は単独では安定に存在できない。水溶液中の H^+ は水分子のO原子の(④　　　　　)を利用してO原子と(⑤　　　　　)で結びつき，オキソニウムイオン H_3O^+ になる。

✔Check

2 原子が価電子を共有してできる結合を**共有結合**という。片方の原子の非共有電子対を利用した共有結合を**配位結合**という。

□ **3** 次の(1)〜(3)の電子式には誤りがある。これらをそれぞれ正しい電子式に描き直しなさい。

(1)

H : O : H

(   )

(2)

H
H : N : H

(   )

(3)

: O : : C : : O :

(   )

↳ **3** 電子には，結合にかかわる電子（**共有電子対**）と結合にかかわらない電子（**非共有電子対**）がある。最外電子殻に入る電子の数は水素原子は2個，その他の原子は8個である。

□ **4** 次の(1)〜(5)にあてはまる分子またはイオンを，下の**ア〜キ**からすべて選びなさい。

(1) 二重結合をもつ。 （   ）
(2) 三重結合をもつ。 （   ）
(3) 配位結合をもつ。 （   ）
(4) 非共有電子対をもたない。 （   ）
(5) 2対の非共有電子対をもつ。 （   ）

　　ア アンモニア分子　　**イ** アンモニウムイオン
　　ウ 水分子　　　　　　**エ** メタン分子　　**オ** 窒素分子
　　カ メタノール分子　　**キ** 二酸化炭素分子

↳ **4** まずは，ア〜キまでの物質を電子式（または構造式）で表す。イのアンモニウムイオンの反応式は，$NH_3 + H^+ \rightarrow NH_4^+$ で，H^+ には価電子がない。

□ **5** 次の図は，H または原子番号6〜9の原子からできている分子を表す。‥は非共有電子対を，－は単結合を，＝は二重結合を示す。(1)〜(4)に該当する化合物の分子式を記しなさい。

(1)

（   ）

(2)

（   ）

(3)

（   ）

(4)

○ － ○ ‥

（   ）

↳ **5** 価電子数から元素名を判断する。

□ **6** 下の表の①〜⑩に適当な語句・化学式を記入しなさい。

化学式	配位子	配位数	立体構造	溶液の色
$[Ag(NH_3)_2]^+$	（① ）	（② ）	直線形	（③ ）
（④ ）	NH_3	4	正方形	深青
$[Zn(NH_3)_4]^{2+}$	（⑤ ）	（⑥ ）	（⑦ ）	無
$[Fe(CN)_6]^{3-}$	（⑧ ）	（⑨ ）	（⑩ ）	黄

↳ **6** 金属イオンに配位結合する分子やイオンを**配位子**といい，配位子の数を**配位数**という。立体構造は，配位数が2のときは直線形。4のときは正方形か正四面体。6のときは正八面体である。

⑨ 電気陰性度と分子の極性

解答▶別冊P.6

✏ POINTS

1 分子の極性

① **電気陰性度**…共有結合をしている原子が,共有電子対を引きつける強さの程度を表した数値で,陰性の強い元素(周期表の右上)ほど**大きく**,陽性の強い元素(周期表の左下)ほど**小さい**。

例 F>O>Cl>N>C>Na

② **共有結合と極性**…電気陰性度の異なる原子が共有結合すると,共有電子対が電気陰性度の大きい原子に引きつけられ,原子間に電荷の偏りが生じる。これを**結合に極性がある**という。HCl のように極性のある分子を**極性分子**といい,H_2 のように極性のない分子を**無極性分子**という。

例 **極性分子**:HCl,H_2O,NH_3 など
   無極性分子:H_2,CO_2,CH_4 など

2 分子間にはたらく力(分子間力)……ファンデルワールス力や水素結合のように,分子間にはたらく力をまとめて**分子間力**という。

① **ファンデルワールス力**…すべての分子間にはたらくきわめて弱い力で,極性分子にも無極性分子にもはたらく。構造が似た分子では,一般に分子量(p.28 参照)の大きな分子ほど強く,**融点や沸点**は高くなる。

② **水素結合**…電気陰性度の大きい原子(F,O,N)が水素原子 H と結合した分子は,分子間で強く引き合う。これを**水素結合**という。

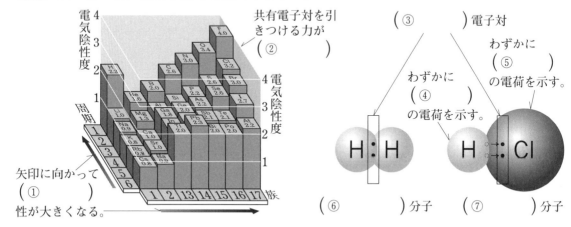

-------- が水素結合を表す。

フッ化水素HF　　　　水H2O

□ **1** 次の①～⑦に適当な語句を記入しなさい。

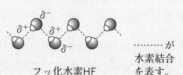

共有電子対を引きつける力が(②　　　　)

矢印に向かって(①　　　　)性が大きくなる。

(③　　　　)電子対

わずかに(⑤　　　　)の電荷を示す。

わずかに(④　　　　)の電荷を示す。

(⑥　　　　)分子　　(⑦　　　　)分子

□ **2** 次の問いに答えなさい。

(1) 次の①～⑤に適当な語句を入れなさい。

水素分子や酸素分子のように(①　　　　)の原子が結合している場合,共有電子対は(②　　　　)共有されている。しかし,HCl では電気陰性度に(③　　　　)があるため,共有電子対は(④　　　　)の強い(⑤　　　　)

周期	1	2	13	14	15	16	17族
1	H 2.2						
2	Li 1.0	Be 1.6	B 2.0	C 2.6	N 3.0	O 3.4	F 4.0
3	Na 0.9	Mg 1.3	Al 1.6	Si 1.9	P 2.2	S 2.6	Cl 3.2
4	K 0.8	Ca 1.0	Ga 1.8	Ge 2.0	As 2.2	Se 2.6	Br 3.0
5	Rb 0.8	Sr 1.0	In 1.8	Sn 2.0	Sb 2.1	Te 2.1	I 2.7
6	Cs 0.8	Ba 0.9	Tl 2.0	Pb 2.3	Bi 2.0	Po 2.0	At 2.2

電気陰性度

に引きつけられている。

(2) 図から電気陰性度にはどのような傾向がありますか。

（　　　　　　　　　　　　　　　　　　　）

(3) 次のア～オの結合について，極性の大きい順に並べなさい。

ア Cl-Cl　イ H-Cl　ウ H-O　エ Mg-O　オ Na-F

（　　　，　　　，　　　，　　　，　　　）

☐ **3** 次の各問いに答えなさい。

(1) メタンは極性のない分子である。分子の形を右図にならって描きなさい。

（

）

(2) 水分子の極性はどのようになっているか，説明しなさい。

（　　　　　　　　　　　　　　　　　　　　）

(3) 次の各分子を，極性分子，無極性分子に分類しなさい。ただし，（ ）内は分子の形を表している。

ア　窒素（直線形）　　　　　イ　硫化水素（折れ線形）

ウ　ヨウ化水素（直線形）　　エ　四塩化炭素（正四面体形）

オ　塩化メチル（四面体形）

極性分子（　　　　　　　）　無極性分子（　　　　　　　）

☐ **4** 次の文の①～⑩に適当な語句を記入しなさい。ただし，④，⑥には打ち消し合う，打ち消し合わないのどちらかを入れなさい。

(1) 二酸化炭素分子の場合，C=O 結合には極性が（①　　　　　）が，分子全体としては極性が（②　　　　　）。これは，二酸化炭素分子が（③　　　　　）形で，2つの C=O 結合の極性が（④　　　　　）からである。これに対し，水分子が極性分子であるのは，水分子が（⑤　　　　　）形になっているため，2つの O-H 結合の極性が（⑥　　　　　）からである。

(2) 分子構造が似ている物質どうしでは，分子量が大きいほど沸点が（⑦　　　　　）くなる傾向がある。これは，分子量が大きいほど，ファンデルワールス力が（⑧　　　　　）くなるためである。しかし，水は分子量のわりに沸点が異常に高い。それは，水分子の水素原子と他の水分子の（⑨　　　　　）原子との間に（⑩　　　　　）結合が形成されるためである。

第1章　第2章　第3章　第4章

✔ **Check**

↪ **2** アルカリ金属の原子は陽性が強く，ハロゲンの原子は陰性が強い。

↪ **3** 多原子分子の極性は分子の形も関係している。多原子分子であれば，直線形や正四面体形は極性をもたない。

↪ **4** (1)分子の形は以下のようになっている。

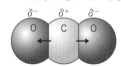

二酸化炭素（直線形）

水（折れ線形）

(2)水素結合やファンデルワールス力などの分子間力が大きいほど，液体から気体に変化するときに多くの熱エネルギーが必要になるため，沸点が高くなる。

⑩ 共有結合からなる物質

解答▶別冊P.7

📝 POINTS

1 分子からなる物質

① **分子結晶**…分子間にはたらく弱い引力によって規則正しく配列した固体で，融点が低く，無極性分子は昇華しやすい（分子間にはたらく力が小さい）。一般にやわらかく，融解しても電気をほとんど通さない。

　例　ナフタレン，スクロース，ドライアイス

② **共有結合の結晶（共有結合結晶）**…多数の原子がすべて共有結合で結合し，規則正しく配列した固体で，非常に硬く，融点が高い。水に溶けにくく，電気を通しにくい。

　例　ダイヤモンド C，二酸化ケイ素 SiO_2

2 分子と原子の関係

① **分子の大きさ**…分子には構成する原子の数によって，**単原子分子・二原子分子・三原子分子**……とあり，それぞれ原子の数が 1，2，3 個からなる。3 個以上を**多原子分子**という。

　分子には，原子が数千個もつながってできたものがあり，このような大きな分子を**高分子**という。

② **高分子化合物**…高分子からなる化合物を**高分子化合物**といい，身近なものにはプラスチックなどがある。合成される高分子化合物の原料となる小さい分子を**単量体（モノマー）**，合成された高分子化合物を**重合体（ポリマー）**という。

③ **重合**…単量体から重合体が合成されるとき，分子間では**重合**という反応が起こる。重合には，二重結合が単結合になって次々と他の分子と結合する**付加重合**と，水分子などの簡単な分子がとれてできる結合が繰り返され，多数の分子が結びつく**縮合重合**とがある。

☐ **1** 次の①〜⑧に適当な語句を記入しなさい。

結晶	（ ① 　　　）結晶
硬さ	（ ③ 　　　　）い
融点	（ ⑤ 　　　　）い
電気伝導性	（ ⑦ 　　　　　）

I₂分子

結晶	（ ② 　　　）の結晶
硬さ	（ ④ 　　　　）い
融点	（ ⑥ 　　　　）い
電気伝導性	（ ⑧ 　　　　　）

C

☐ **2** 図は二酸化炭素の結晶（ドライアイス）を表している。これについて，次の問いに答えなさい。

(1) 結晶を構成する粒子は何ですか。　（　　　　　　）

(2) 粒子間にはたらく力を答えなさい。　（　　　　　　）

(3) 図のような結晶を何とよびますか。　（　　　　　　）

(4) 融点・沸点はイオン結晶に比べて高いか，低いか，答えなさい。

　（　　　　　　）

O
C

□ **3** 次の①～④に適当な語句を記入しなさい。

右の図は，14 族と 16 族の水素化合物の沸点を示したものである。(①　　　)を除いて，両族とも原子番号が大きくなるにしたがって沸点は(②　　　)なる。これは，原子番号の大きい水素化合物ほど(③　　　)が大きいためである。(①)がこの傾向からはずれて異常に高い沸点を示すのは，(③)より強い(④　　　)が形成されるためである。

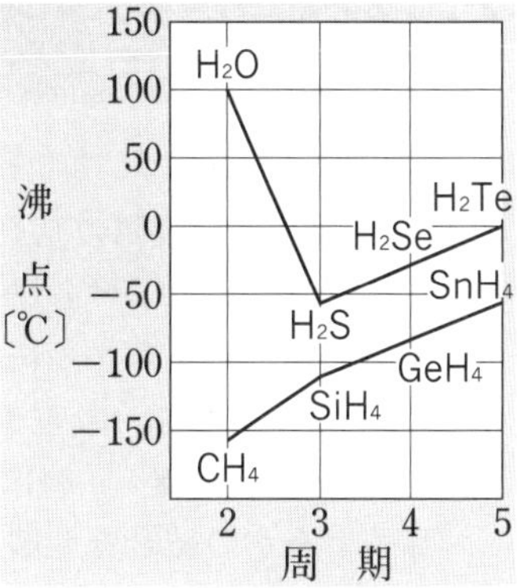

□ **4** 次の文章のうち，共有結合の結晶に適するものはどれですか。

ア やわらかくて砕けやすく，また融点も低い。

イ 非常に硬く，融点が高い。

ウ 水に溶けにくく，電気を通しにくいものが多い。

エ ドライアイスやヨウ素がその代表的な共有結晶である。

(　　　　)

□ **5** 次の文の①～④に適当な語句を記入しなさい。

分子にはその構成原子の数によって種類がある。他の原子と結合せず 1 つの原子から分子をつくるものを(①　　　)分子，2 つの原子からなる分子を(②　　　)分子，3 つ以上の原子からなるものを(③　　　)分子という。数千個以上の原子からなるものを(④　　　)分子という。

□ **6** 次の文の①～⑩に適当な語句を記入しなさい。

原子が共有結合で数千個もつながってできた化合物を(①　　　)という。デンプンなどは天然に存在し，特に(②　　　)高分子化合物という。また，ナイロン，ポリエステルのような(③　　　)，ポリエチレン，ポリ塩化ビニルのような(④　　　)(プラスチック)，合成ゴムなど人工的に合成された(①)を(⑤　　　)高分子化合物という。

(①)の構成単位となる小さな分子を(⑥　　　)(モノマー)といい，高分子化合物を(⑦　　　)という。(⑥)どうしが結合することを(⑧　　　)という。(①)ができる反応には，エチレン分子中の二重結合が単結合になる変化が繰り返され，多数のエチレン分子からポリエチレンができる(⑨　　　)と，テレフタル酸とエチレングリコールの互いの分子の間で水分子のような簡単な分子がとれて結合する変化が繰り返され，多数の分子からポリエチレンテレフタラートができる(⑩　　　)がある。

Check

↳ **4** ダイヤモンドが共有結合の結晶の代表例で，非常に硬く，融点が高い。水に溶けにくく電気を通しにくい(黒鉛は電気を通す)。

↳ **5** 1 つの原子からなる分子には，ヘリウムやアルゴンなどがあり，2 つの原子からなる分子には，酸素や塩化水素などがある。

↳ **6** 反応には，モノマーの二重結合のうち 1 つが開き反応するものと，分子の一部がとれて反応するものがある。

⑪ 金属結合

解答▶別冊P.8

POINTS

1 自由電子……金属の原子が集合した金属の単体では，価電子は各原子から離れ，特定の原子にとどまらず金属の単体中を自由に移動する。このような電子を**自由電子**という。

2 金属結合と性質……自由電子による金属の原子どうしの結合を金属結合といい，電子のふるまいにより，次のような特徴的な性質を示す。

① **金属光沢**…金属は特有の光沢をもつ。

② **熱伝導性**…金属は熱をよく伝える。

③ **電気伝導性**…金属は電気をよく伝える。

④ **展性・延性**…金属は金箔のように薄く広がる性質（**展性**），銅線のように長く延びる性質（**延性**）をもつ。

3 金属結晶……金属結合によって，金属原子が規則正しく配列した結晶で，**組成式**で表す。

□ **1** 次の表は，代表的な金属の性質と用途についてまとめたものである。①～③にあてはまる金属の組成式を記入しなさい。

金属	性質	用途
（① 　　　）	強度が大きい，延性が大きい，磁性	構造物，ステンレス鋼，磁石
（② 　　　）	密度が小さい，展性，延性が大きい	一円硬貨，アルミニウム箔，調理器具，ジュラルミン（飛行機の胴体）
（③ 　　　）	電気伝導性が高い，延性が大きい	電線，合金（5 円，10 円，50 円，100 円，500 円の硬貨）

□ **2** 右図を見て，次の文の①～⑤に適当な語句を記入しなさい。

金属の結晶では，金属原子は（① 　　　　　　）エネルギーが小さいので，（② 　　　　　）を放出する。放出された（ ② ）は共有結合のように特定の 2 原子間だけで共有されるのではなく，規則正しく配列している金属原子の間を自由に動き回り，すべての金属原子に共有されている。このような（ ② ）を（③ 　　　　　　）といい，（ ③ ）による原子間の化学結合を（④ 　　　　　　　）という。右図の「・」は（ ③ ）を示し，「⊕」は（⑤ 　　　　　　）を示している。

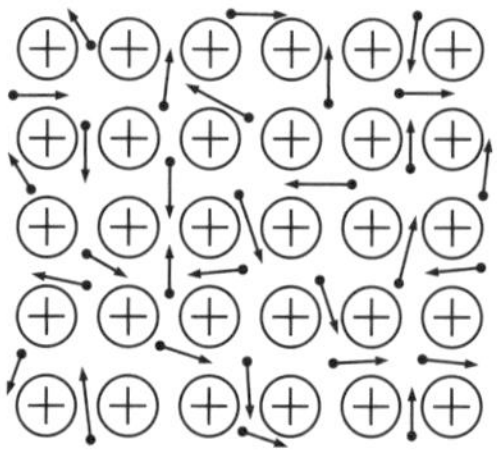

✓ Check

↳ **2** 金属は電子が自由に動き回るのが特徴である。

□ **3** 次の文は，固体の金属の性質について述べたものである。次の問いに答えなさい。

(1) 表面の主に銀白色できらきら輝く金属の性質を何といいますか。　　（　　　　　　　）

(2) 金属の電気をよく伝える性質を何といいますか。　　（　　　　　　　）

(3) 金属の熱をよく伝える性質を何といいますか。　　（　　　　　　　）

(4) 金属の線状に引き延ばすことのできる性質を何といいますか。　　（　　　　　　　）

(5) 金属の薄く広げて箔にすることができる性質を何といいますか。　　（　　　　　　　）

□ **4** 次の文は，金属の電気を伝える性質について述べたものである。正しいものには○，誤りがあるものには×を入れなさい。

(1) 自由電子の移動により，電気の良導体となる。　（　　　）

(2) 電気の良導体であるが，自由電子に限りがあるので，自由電子の移動とともに，電気伝導性が小さくなる。　（　　　）

(3) 自由電子は特定の原子内にとどまっているため，電気伝導性がない。　（　　　）

↳ **4** 電流は電子が動くことで流れるようになる。

□ **5** 次の文は，金属を線状に引き延ばすことのできる性質，薄く広げて箔にすることができる性質について述べたものである。正しいものを1つ選びなさい。　（　　　）

ア　自由電子によって周囲にある特定の原子と結合しているので，外部からの力によって原子の配列が変わっても自由電子による原子どうしの結合が保たれるからである。

イ　自由電子によって周囲にあるすべての原子と結合しているので，外部からの力によって原子の配列が変わっても自由電子による原子どうしの結合が保たれるからである。

ウ　自由電子の一部が，周囲にある特定の原子と結合しているので，外部からの力によって原子の配列が変わっても自由電子による原子どうしの結合が保たれるからである。

↳ **5** ア，イ，ウの示す内容を注意深く読み，違いを考える。

□ **6** 次の文のうち，正しいものには○，誤りがあるものには×を入れなさい。

(1) 金属は特有の光沢をもち，光を通さない。　（　　　）

(2) 金属は高い融点をもち，加工が困難である。　（　　　）

(3) 金属は酸に溶けて，陽イオンになりやすい。　（　　　）

□ **7** 次の文の①～⑤に適当な語句を記入しなさい。

金属は，原子半径が（①　　　　　）いほど，また価電子数が多いほど，金属結合が（②　　　　　）くなり，融点や沸点が（③　　　　　）くなる。一般に，（④　　　　　）元素の金属より（⑤　　　　　）元素の金属のほうが融点や沸点が高く，硬くて密度が大きい。

↳ **7** 融点や沸点は，共有結合の場合と同じように，結合に関わる電子が多いほど高くなる。

⑫ 金属結合からなる物質

解答▶別冊P.8

✎ POINTS

1 金属の結晶格子

① **単位格子**…金属結晶は基本となる構造で
ある**単位格子**の繰り返しでできている。

② **結晶格子**…多数の単位格子の配列を**結晶格子**という。ほとんどの金属は，**体心立方格子**，**面心立方格子**，**六方最密構造**のどれかに分類される。

③ **単位格子中の原子数**…体心立方格子は2，面心立方格子は4，六方最密構造は2個。

④ **隣接する原子数（配位数）**…体心立方格子は8，面心立方格子は12，六方最密構造は12。

⑤ **充填率**…単位格子中の原子の占める体積の割合を**充填率**といい，体心立方格子は68%，面心立方体格子と六方最密構造は74%になる。

2 結晶格子と原子

① **原子の大きさ（半径）**…単位格子の1辺の長さをaとし，原子半径をrとすると，

体心立方格子は，$r = \dfrac{\sqrt{3}}{4}a$

面心立方格子は，$r = \dfrac{\sqrt{2}}{4}a$

② **原子1個の質量**…単位格子の1辺の長さをa〔cm〕，結晶の密度をd〔g/cm³〕とすると，

原子1個の質量〔g〕は，

体心立方格子：$\dfrac{a^3 d}{2}$〔g〕

面心立方格子：$\dfrac{a^3 d}{4}$〔g〕

□ **1** ナトリウム，アルミニウム，マグネシウムの結晶格子について，①～⑩に適当な語句や数値を記入しなさい。

金属の名称	ナトリウム	アルミニウム	マグネシウム
結晶格子 基本となる構造を （ ④ ） という	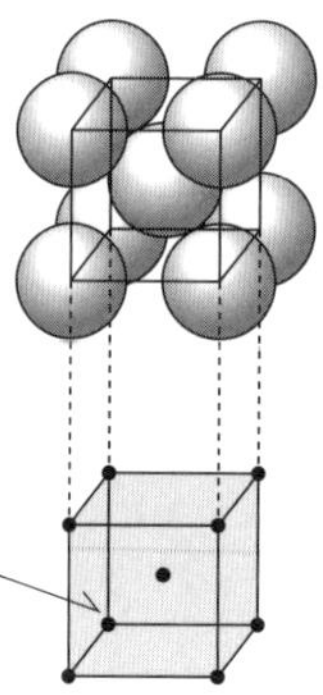	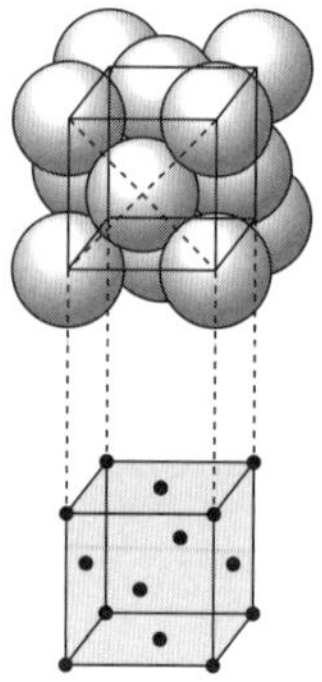	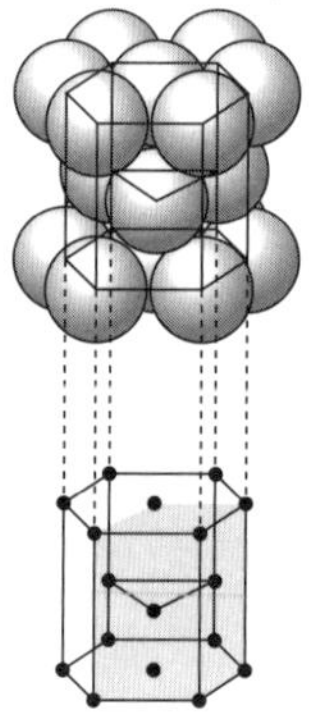
結晶格子の名称	（ ① ）	（ ② ）	（ ③ ）
④に含まれる原子の数	（ ⑤ ）個	（ ⑥ ）個	（ ⑦ ）個
配位数	（ ⑧ ）個	（ ⑨ ）個	（ ⑩ ）個

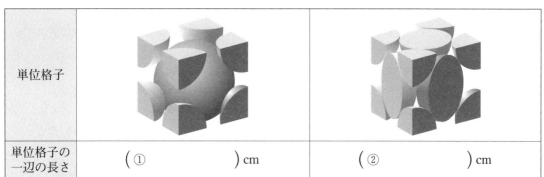

□ **2** 次の図は単位格子を表す。単位格子の中の原子の半径を r〔cm〕とし，単位格子の1辺の長さを求めなさい。

単位格子		
単位格子の一辺の長さ	（ ①　　　　　　　　） cm	（ ②　　　　　　　　） cm

□ **3** 右図を見て，次の文の（　）に適当な数値を記入しなさい。

ある金属の結晶の密度は $3.5\,\mathrm{g/cm^3}$ で，図のような単位格子からなる。単位格子の一辺の長さを $5.0\times10^{-8}\,\mathrm{cm}$ とすると，原子1個の質量は（　　　　　）g となる。

✓Check

↳ **3** 単位格子の体積×密度＝単位格子の質量。単位格子に含まれる原子の数は2個である。

□ **4** 右図を見て，次の文の（　）に適当な数値を記入しなさい。

ある金属の結晶の密度は $10\,\mathrm{g/cm^3}$ で，図のような単位格子からなる。単位格子の一辺の長さを $4.1\times10^{-8}\,\mathrm{cm}$ とすると，原子1個の質量は（　　　　　）g となる。

↳ **4** 単位格子の体積×密度＝単位格子の質量。単位格子に含まれる原子の数は4個である。

□ **5** 次の文の①～⑤に適当な語句または数値を記入しなさい。

主な金属の結晶格子には，図1のような（①　　　　　　　　　　　），図2のような（②　　　　　　　　　）などがある。

（①），（②）の1個の原子に隣接する原子の数は，それぞれ（③　　　）個，（④　　　）個となり，（①），（②）のうち原子が密に詰まっているのは（⑤　　　　　　　）のほうである。

〔図1〕

〔図2〕

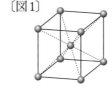

↳ **5** 隣接する原子の数は，1個の原子に着目して考える。

単位格子中を占める原子の体積の割合を**充填率**という。

⓭ 化学結合と物質の分類

✎ POINTS

1 物質の分類……物質は，金属からなる物質，イオンからなる物質，分子からなる物質，原子からなる物質の４種類に分類することができる。

① **金属結晶**…アルミニウム(Al)，鉄(Fe)，ナトリウム(Na)など。

融点・沸点は，高いものから低いものまでさまざまである。

電気伝導性があり，展性・延性に富む。

② **イオン結晶**…塩化ナトリウム($NaCl$)，ヨウ化カリウム(KI)など。

融点・沸点は低い。

電気伝導性は固体では無く，液体ではある。硬くてもろい。

③ **分子結晶**…ヨウ素(I_2)，二酸化炭素(CO_2)，水(H_2O)など。

融点・沸点は低いものが多い。

昇華・凝華しやすいものが多い。

④ **共有結合の結晶**…ダイヤモンド(C)，ケイ素(Si)，二酸化ケイ素(SiO_2)など。

融点・沸点はきわめて高い。

電気伝導性は無いが，黒鉛はあり，電気を通す。

結晶は非常に硬い。ただし，黒鉛はやわらかい。

2 結合の強さ……粒子間の結合の強さは，

共有結合＞イオン結合≫分子間力

□ **1** 次の文中の①～⑧に適当な語句を記入し，⑨～⑫にa～dの結晶のモデル図を選んで記号で記入しなさい。

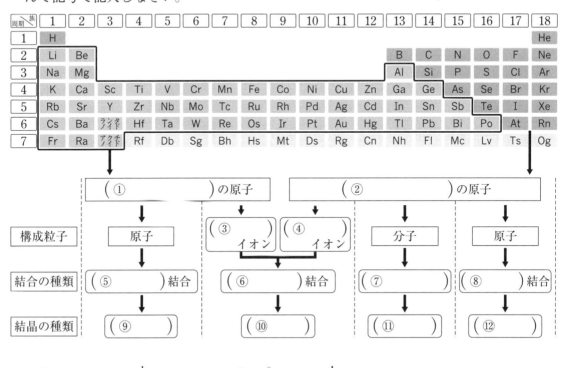

□ **2** 次に示す物質は，金属結晶，イオン結晶，分子結晶，共有結合の結晶のうち，どの結晶か答えなさい。

(1) ベンゼン　　　　　　　　　　（　　　　　　　）

(2) 水酸化ナトリウム　　　　　　（　　　　　　　）

(3) 石英・水晶　　　　　　　　　（　　　　　　　）

(4) スズ　　　　　　　　　　　　（　　　　　　　）

(5) 二酸化炭素　　　　　　　　　（　　　　　　　）

(6) 二酸化ケイ素　　　　　　　　（　　　　　　　）

(7) 亜鉛　　　　　　　　　　　　（　　　　　　　）

(8) 水素　　　　　　　　　　　　（　　　　　　　）

(9) 塩化ナトリウム　　　　　　　（　　　　　　　）

(10) 水銀　　　　　　　　　　　　（　　　　　　　）

✓Check

Q確認

結晶と構成元素

　金属結晶は，金属元素のみで構成されている。**イオン結晶**は，金属元素と非金属元素で構成されている。**分子結晶**と**共有結合の結晶**はどちらも非金属元素のみで構成されている。

□ **3** 下のグラフは，結晶の融点を表したものである。図中の①〜⑥に入る物質を，下の選択肢に示した物質から選んで記入しなさい。また，a〜dにあてはまる結晶の種類を記入しなさい。

↳ **3** 結合が強いほど物質の融点・沸点は高くなる。

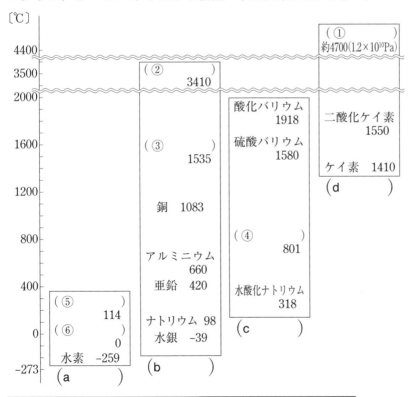

〔℃〕

4400
3500
2000
1600
1200
800
400
0
-273

(① 　　　　　　　)　約4700(1.2×10¹⁰Pa)

(② 　　　　　　　)　3410

酸化バリウム 1918
硫酸バリウム 1580

二酸化ケイ素 1550

ケイ素　1410
(d 　　　　　　)

(③ 　　　　　　　)　1535

銅　1083

アルミニウム 660
亜鉛　420

ナトリウム 98
水銀　-39

(④ 　　　　　　　)　801

水酸化ナトリウム 318

(c 　　　　　　)

(⑤ 　　　　　　　) 114
(⑥ 　　　　　　　) 0
水素　-259
(a 　　　　　　)

(b 　　　　　　)

鉄　　ダイヤモンド　　ヨウ素　　水　　二酸化炭素
タングステン　　エタノール　　塩化ナトリウム

⑭ 原子量・分子量・式量

解答▶別冊P.10

📝 POINTS

1 原子量……質量数 12 の炭素原子 ^{12}C の質量を 12 としたときの元素の**相対質量**の値。同位体が存在する元素は，各同位体の相対質量の存在比の平均値。

例　ある原子の質量が $^{12}_{6}C$ の 2 倍の質量のときは，その原子の原子量は $12×2=24$ となる。相対値なので，単位はない。

2 分子量……分子式中の構成原子の原子量の総和で求める。単位はない。

例　CO_2　$12×1+16×2=44$

3 式量……イオンの化学式や組成式中の構成原子の原子量の総和で求める。単位はない。

例　Na^+　23（Naの原子量は 23）

$CaCl_2$　$40×1+35.5×2=111$

□ **1** 次の表（物質の分子量または式量の求め方）の①〜⑩に適当な数値を記入しなさい。ただし，原子量は O＝16，H＝1，S＝32，Ca＝40，C＝12，Na＝23，N＝14 とする。

物質	求め方
酸素　O_2	$16×(①\qquad)=(②\qquad)$
硫酸　H_2SO_4	$1×(③\qquad)+(④\qquad)+16×4=(⑤\qquad)$
カルシウムイオン　Ca^{2+}	$(⑥\qquad)$
炭酸イオン　$CO_3{}^{2-}$	$12+(⑦\qquad)×3=(⑧\qquad)$
硝酸ナトリウム　$NaNO_3$	$23+14+16×(⑨\qquad)=(⑩\qquad)$

□ **2** 次の各分子の分子量を求めなさい。ただし，原子量は C＝12，H＝1，O＝16，N＝14 とする。

(1)　CH_4　　　　　　　　　　　　（　　　）

(2)　CO_2　　　　　　　　　　　　（　　　）

(3)　NH_3　　　　　　　　　　　　（　　　）

(4)　$C_6H_{12}O_6$　　　　　　　　　　（　　　）

✅ Check

↳ **2 分子量**は分子式中の構成原子の原子量の総和である。

□ **3** 次の各物質の式量を求めなさい。ただし，原子量は Al＝27，Mg＝24，O＝16，H＝1，Cu＝64，S＝32 とする。

(1)　Al^{3+}　　　　　　　　　　　（　　　）

(2)　Al_2O_3　　　　　　　　　　　（　　　）

(3)　$Mg(OH)_2$　　　　　　　　　　（　　　）

(4)　$CuSO_4·5H_2O$　　　　　　　　（　　　）

↳ **3 式量**はイオンの化学式や組成式中の構成原子の原子量の総和である。

4 塩素には質量数 35 と 37 の同位体が存在し，それらの同位体の存在比はそれぞれ 75.8%，24.2% である。塩素の原子量はいくらか，次の式の①〜③にあてはまる数字を入れ，求めなさい。ただし，$^{35}Cl=35.0$，$^{37}Cl=37.0$ とする。

(式)

$$塩素の原子量 = 35.0 \times \frac{(①\qquad)}{100} + 37.0 \times \frac{(②\qquad)}{100}$$
$$\fallingdotseq (③\qquad)$$

↳ **4** 原子量は同位体の**相対質量**と**存在比**から考える。

5 天然のホウ素には質量数 10 と 11 の同位体が存在している。ホウ素の原子量は 10.8 である。天然のホウ素原子 100 個の中に質量数 11 のホウ素原子は何個存在しているか。質量数 11 のホウ素原子が x 個存在しているとして，次の式の①〜④にあてはまる記号や数字を入れ，求めなさい。

(式)

$$10 \times \frac{(①\qquad)}{100} + 11 \times \frac{(②\qquad)}{100}$$
$$= (③\qquad)$$
$$x = (④\qquad)〔個〕$$

↳ **5** 原子量より ^{10}B と ^{11}B の存在比を出す。

6 質量数 12 の炭素原子 1 個の質量は 2.0×10^{-23} g である。アルミニウム原子 1 個の質量は 4.5×10^{-23} g である。アルミニウムの原子量はいくらか，求めなさい。

$$(\qquad)$$

↳ **6** ^{12}C の原子の 2 倍の質量であれば，原子量は $12 \times 2 = 24$ となる。

7 原子量の基準を $^{12}C = 24$ と変更すると，次の各量はどのように変化するか，答えなさい。

(1) 酸素の原子量 $(\qquad)$

(2) 二酸化炭素の分子量 $(\qquad)$

(3) アルミニウムの密度 $(\qquad)$

↳ **7** 原子量，分子量も $^{12}C = 12$ を基準としたときの**相対質量**である。

⑮ 物質量

📎 POINTS

1 アボガドロ定数と物質量

① **アボガドロ定数**…6.02214076×10²³ 個の粒子の集団を 1 mol とし，1 mol あたりの粒子の数 $6.02\cdots\times10^{23}$ /mol を**アボガドロ定数**（記号 N_A）という。

② **物質量**…$6.02\cdots\times10^{23}$（アボガドロ数）個の粒子を 1 単位としたときの物質の量をいう。その単位には **mol** を用いる。

$$\text{物質量〔mol〕}=\frac{\text{粒子の数}}{6.02\cdots\times10^{23}\text{/mol}}$$

2 物質量と質量（モル質量）

物質 1 mol の質量は，原子量・分子量・式量の数値に単位 g をつけた値にほぼ一致する。

物質 1 mol あたりの質量を**モル質量**といい，その単位は **g/mol** である。

$$\text{物質量〔mol〕}=\frac{\text{質量〔g〕}}{\text{モル質量〔g/mol〕}}$$

3 物質量と気体の体積

① **アボガドロの法則**…同温・同圧のもとで同じ体積の気体には，気体の種類によらず，同じ数の分子が含まれる。

② **モル体積**…物質 1 mol の体積を**モル体積**という。**標準状態**（0℃，1.013×10^5 Pa＝1 気圧＝1atm）における気体のモル体積は，種類によらずほぼ **22.4 L/mol** である。

$$\text{気体の物質量〔mol〕}=\frac{\text{気体の体積〔L〕}}{22.4\text{ L/mol}}$$

□ **1** 次の表の①～⑯に適当な数値を記入しなさい。ただし，原子量は Na＝23，C＝12，O＝16，S＝32，Cl＝35.5，アボガドロ定数は 6.02×10^{23}/mol とする。

	Na	CO_2	SO_4^{2-}	NaCl
原子量・分子量・式量	(①　　　)	(②　　　)	(③　　　)	(④　　　)
モル質量〔g/mol〕	(⑤　　　)	(⑥　　　)	(⑦　　　)	(⑧　　　)
1 g の物質量〔mol〕	(⑨　　　)	(⑩　　　)	(⑪　　　)	(⑫　　　)
1 g 中の原子数〔個〕	(⑬　　　)	(⑭　　　)	(⑮　　　)	(⑯　　　)

✅ **Check**

□ **2** 水素分子 H_2 が 2 mol ある。これについて，次の値を求めなさい。ただし，H＝1.0，アボガドロ定数は 6.0×10^{23} /mol とする。

2 1 mol
・質量は分子量に g をつけた値
・0℃，1.013×10^5 Pa で 22.4 L（1.013×10^5 Pa ＝1 atm）
・6.0×10^{23} 個

(1) この水素分子の質量は何 g ですか。

(　　　　　　)

(2) この水素分子の個数はいくらですか。

(　　　　　　)

(3) この水素分子中の水素原子の個数はいくらですか。

(　　　　　　)

(4) この水素分子の体積（0℃，1.013×10^5 Pa）は何 L ですか。

(　　　　　　)

3 次の問いに答えなさい。ただし，アボガドロ定数は 6.02×10^{23} /mol とする。

(1) 3.0×10^{23} 個の酸素分子の物質量は何 mol ですか。

( )

(2) 水 4.5 g の物質量は何 mol ですか。ただし，H＝1.0，O＝16.0 とする。

( )

(3) 0℃，1.013×10^5 Pa の二酸化炭素 5.6 L の物質量は何 mol ですか。

( )

(4) 0.20 mol のメタン（CH_4）に含まれている原子数の総和は何個ですか。

( )

(5) アンモニア 0.20 mol の質量は何 g ですか。ただし，N＝14.0，H＝1.0 とする。

( )

4 0℃，1.013×10^5 Pa である気体 1.00 L をとり，その質量を測定すると 2.86 g であった。これについて，次の問いに答えなさい。

(1) この気体の分子量を求めなさい。

( )

(2) この気体は**ア〜カ**のいずれであると考えられるか，記号で答えなさい。ただし，C＝12.0，O＝16.0，H＝1.0，S＝32.0，Cl＝35.5 とする。

( )

ア CO_2　イ C_2H_2　ウ H_2S
エ SO_2　オ Cl_2　カ CH_4

5 窒素と二酸化炭素の混合気体がある。この気体の密度を同温同圧の酸素の 1.2 倍だとすると，混合気体中の二酸化炭素の体積の割合は何％か求めなさい。ただし，N＝14.0，C＝12.0，O＝16.0 とする。

( ) 〔東海大－改〕

3 (1) 1 mol 中の分子数は約 **6.02×10^{23}個**。
(2) 1 mol の質量は分子量に単位 g をつけた質量である。
(3) 1 mol の体積は 0℃，1.013×10^5 Pa で 22.4 L。
Pa は気圧の単位記号で，0℃，1.013×10^5 Pa の状態を**標準状態**という。
(4) メタン 1 分子は 5 個の原子からできている。
(5) NH_3＝17
17 g が $NH_3$1 mol の質量。

4 (1) 0℃，1.013×10^5 Pa で 22.4 L の質量を求める。

5 0℃，1.013×10^5 Pa で考える。
密度〔g/L〕＝$\dfrac{質量〔g〕}{体積〔L〕}$

⑯ 溶液の濃度

✎ POINTS

1 溶解と溶液……液体に他の物質が溶けて均質になることを**溶解**といい，溶かす液体を**溶媒**，溶けた物質を**溶質**，できた均質な液体を**溶液**という。また，溶質が溶ける最大量となった溶液を**飽和溶液**といい，一定の温度で溶ける溶質の最大値を**溶解度**という。

2 溶液の濃度

① **質量パーセント濃度**…溶液 100 g あたりに含まれる溶質の質量で表した濃度を**質量パーセント濃度**という。

質量パーセント濃度〔%〕

$$\frac{溶質の質量〔g〕}{溶液の質量〔g〕} \times 100 = \frac{w}{W+w} \times 100$$

w：溶質の質量〔g〕　W：溶媒の質量〔g〕

② **モル濃度**…溶液 1 L あたりに含まれている溶質の物質量で表した濃度をいう。

モル濃度〔mol/L〕

$$= \frac{溶質の物質量〔mol〕}{溶液の体積〔L〕}$$

c〔mol/L〕，V〔L〕中の溶質の物質量〔mol〕
$$= c〔mol/L〕 \times V〔L〕$$

□ **1** 次の図はある濃度の塩化ナトリウム水溶液のつくり方を示している。①〜③には実験器具名，④〜⑦には数値を記入しなさい。ただし，Na＝23，Cl＝35.5 とする。

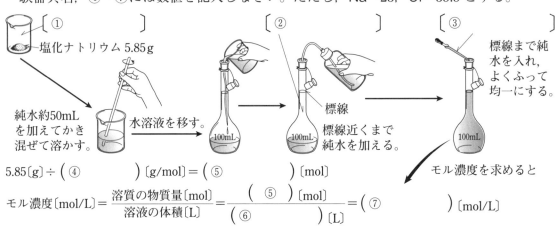

〔①　　　　　　〕　　　　　　　〔②　　　　　　　　〕　　　　　　　〔③　　　　　　　　〕

塩化ナトリウム 5.85 g

純水約50mL を加えてかき混ぜて溶かす。　水溶液を移す。　標線近くまで純水を加える。　標線まで純水を入れ，よくふって均一にする。

5.85〔g〕÷（④　　　　）〔g/mol〕＝（⑤　　　　）〔mol〕

モル濃度〔mol/L〕＝ $\dfrac{溶質の物質量〔mol〕}{溶液の体積〔L〕}$ ＝ $\dfrac{（⑤　　　）〔mol〕}{（⑥　　　）〔L〕}$ ＝（⑦　　　　　　　）〔mol/L〕

モル濃度を求めると

✅ Check

□ **2** 水 100 g に塩化ナトリウム 25 g を溶かした水溶液の濃度は何％か，求めなさい。

↪ **2** $\dfrac{w}{W+w} \times 100$

（　　　　　）

□ **3** 20％の水酸化ナトリウム水溶液 50 g 中に水酸化ナトリウムは何 g 含まれているか，求めなさい。

↪ **3** x〔％〕のとき
$\dfrac{x}{100} \times (W+w)$

（　　　　　）

□ **4** 水酸化ナトリウム NaOH（式量 40）を水に溶かして 0.100 mol/L の水溶液をつくる。その方法として正しいものを**ア〜オ**から選びなさい。　　　　　　　　　　　　　　（　　　）

ア　NaOH 4.0 g を水 1.00 L に溶かす。

イ　NaOH 4.0 g を水 996 g に溶かす。

ウ　NaOH 0.40 g を水に溶かして 100 mL にする。

エ　NaOH 0.40 g を水 99.6 mL に溶かす。

オ　NaOH 4.0 g を水 1.00 kg に溶かす。

↳ **4** c〔mol/L〕は，溶液 1 L 中に溶質が c〔mol〕含まれている。

□ **5** 次の問いに答えなさい。

(1) 水酸化ナトリウム 4.0 g を水に溶かして 500 mL にした。この溶液のモル濃度を求めなさい。ただし，Na＝23.0，H＝1.0，O＝16.0 とする。

（　　　　　　）

(2) アンモニア 5.6 L（0℃，1.013×10⁵ Pa）を水に溶かして 200 mL にした。この溶液のモル濃度を求めなさい。

（　　　　　　）

(3) 2.0 mol/L のショ糖水溶液 50 mL 中にショ糖は何 mol 含まれているか，求めなさい。

（　　　　　　）

↳ **5** (1), (2)
$$モル濃度〔mol/L〕＝\frac{物質量〔mol〕}{体積〔L〕}$$
(3) c〔mol/L〕
$$×\frac{v〔mL〕}{1000}$$

□ **6** 98％の濃硫酸の密度は 1.8 g/cm³ である。濃硫酸のモル濃度は何 mol/L か。ただし，H_2SO_4＝98 とする。

（　　　　　）

↳ **6** 密度〔g/cm³〕
$$＝\frac{質量〔g〕}{体積〔cm³〕}$$

□ **7** 0.36 mol/L の硫酸を 500 mL つくるのに，18 mol/L の硫酸は何 mL 必要か，求めなさい。

（　　　　　）

↳ **7** 希釈前と希釈後で，溶質の物質量は変わらない。

⓱ 化学反応式と量的関係

✎ POINTS

1 化学反応式

① 反応物を左辺に，生成物を右辺に化学式で書き，⟶ で結ぶ。

② 両辺の各元素の原子数が同じになるように，化学式に係数をつける。係数の比は最も簡単な整数比にする。

③ **係数の求め方**…化学反応式の係数は，暗算による**目算法**と，係数を未知数とし連立方程式を解く**未定係数法**がある。

2 化学反応式の係数と量的関係…化学反応式の係数の比は，次の①～③のようなことを表している。

①化学変化に関わる物質の粒子数の比

②化学変化に関わる物質の物質量の比

③化学変化に関わる物質の体積の比（気体のみ）

□ **1** 次の表の①～⑥の中に適当な数値を記入しなさい。ただし，$NH_3＝17$ とする。

化学反応式	$3H_2$	＋	N_2	⟶	$2NH_3$
分子数〔個〕	3		（①　　　　）		2
物質量〔mol〕	（②　　　　）		1		（③　　　　）
質量〔g〕	$3×2$		$1×28$		（④　　　　）
気体の体積〔L〕	（⑤　　　　）		$1×22.4$		（⑥　　　　）

□ **2** 次の反応式の係数を求めなさい。(1の場合も記入すること)

(1) （①　　　）$Al＋$（②　　　）H_2SO_4

⟶（③　　　）$Al_2(SO_4)_3＋$（④　　　）H_2

(2) （⑤　　　）$C_3H_8＋$（⑥　　　）O_2

⟶（⑦　　　）$CO_2＋$（⑧　　　）H_2O

(3) （⑨　　　）$Cu＋$（⑩　　　）HNO_3

⟶（⑪　　　）$Cu(NO_3)_2＋$（⑫　　　）$NO＋$（⑬　　　）H_2O

(4) （⑭　　　）$Cu^{2+}＋$（⑮　　　）Al

⟶（⑯　　　）$Cu＋$（⑰　　　）Al^{3+}

> ✓ **Check**
>
> ↳ **2** 右辺と左辺の各元素の原子の数を同じにする。
>
> (3)未定係数法で求める。
>
> (4)イオン反応式では，電荷の総和が左辺と右辺で同じになる。

□ **3** エタン 6.0 g を完全燃焼させるのに必要な酸素は何 mol になるか，また，生成した二酸化炭素は $0℃，1.013×10^5$ Pa で何 L か，それぞれ求めなさい。ただし，$C＝12.0，H＝1.0$ とする。

O_2（　　　　　　　）　CO_2（　　　　　　　）

> ↳ **3** エタン C_2H_6
> 係数の比＝物質量の比

4 次の変化を化学反応式で記しなさい。

(1) 一酸化窒素は酸素と反応して二酸化窒素になる。

$\quad$(　　　　　　　　　　　　　　　　　　)

(2) アルミニウムを燃焼させると酸化アルミニウムになる。

$\quad$(　　　　　　　　　　　　　　　　　　)

(3) 亜鉛を塩酸に溶かすと水素が発生し，塩化亜鉛になる。

$\quad$(　　　　　　　　　　　　　　　　　　)

(4) 炭酸カルシウムに塩酸を加えると二酸化炭素が発生し，塩化カルシウムと水になる。

$\quad$(　　　　　　　　　　　　　　　　　　)

(5) エタノールを燃焼させると二酸化炭素と水になる。

$\quad$(　　　　　　　　　　　　　　　　　　)

5 硫黄 8 g を燃焼させると二酸化硫黄は何 g 生成しますか。また，その体積は標準状態で何 L ですか。ただし，S＝32.0，O＝16.0 とする。

$\qquad$ 生成量(　　　　　　) 体積(　　　　　　)

6 3.0％の過酸化水素水 34 g に触媒を加えて完全に分解すると，0℃，1.013×10⁵ Pa で何 mL の酸素が発生しますか。ただし，H＝1.0，O＝16.0 とする。

$\qquad\qquad\qquad\qquad$(　　　　　　)

7 プロパン C_3H_8 6.60 g に 0℃，1.013×10⁵ Pa の酸素を 20.16 L 混合して，これを完全燃焼させた。これについて，次の問いに答えなさい。ただし，C＝12.0，H＝1.0，O＝16.0 とする。

(1) 反応せずに残った気体は何か，また，その質量は何 g か，求めなさい。

$\qquad$ 気体名(　　　　　　) 質量(　　　　　　)

(2) 生成した二酸化炭素は標準状態で何 L か，また，生成した水は何 g か，求めなさい。

$\qquad$ CO_2(　　　　　　) H_2O(　　　　　　)

4 反応物を左辺に，生成物を右辺に化学式で書き，左辺と右辺の各元素の原子の数が同じになるように係数を決める。
(5)エタノールの分子式は C_2H_5OH

5 $S + O_2 \longrightarrow SO_2$

6 $2H_2O_2$
$\longrightarrow 2H_2O + O_2$

7 (1)混合気体の物質量の比と化学反応式で表したときの係数の比を求める。

⑱ 化学の基本法則

解答▶別冊P.13

✎ POINTS

1 質量保存の法則……化学変化の前後で物質の質量の総和は変化しない。(ラボアジエ, 1774 年)

2 定比例の法則……同じ化合物であれば, 製法にかかわらず成分元素の質量比は, 常に一定である。(プルースト, 1799 年)

3 ドルトンの原子説と倍数比例の法則

① **原子説**…すべての物質は, それ以上分割できない最小単位(原子)からできており, 化合物は異なった種類の原子が一定の割合で結合している。原子は無から生じたり, また消滅したりしない。(1803 年)

② **倍数比例の法則**…2 種類の元素 A, B からなる化合物が 2 種類以上あるとき, A の一定量と反応する B の質量は, これらの化合物の間では簡単な整数比になる。(1803 年)

4 気体反応の法則と分子説

① **気体反応の法則**…同温・同圧では, 気体が反応したり, 生成したりする化学反応では, これらの気体の体積の間には簡単な整数比がなりたつ。(ゲーリュサック, 1808 年)

② **分子説**…気体反応の法則を説明するために, 気体は何個かの原子が結合した分子からなるという分子説を唱えた。(アボガドロ, 1811 年)

□ **1** 次の表の①〜⑮に適当な数値や語句を記入しなさい。(係数が 1 の場合も記入すること)

	一酸化窒素　分子量　（①　　）		二酸化窒素　分子量　（②　　）		
	窒素 N 原子量 14	酸素 O 原子量 16	窒素 N 原子量 14	酸素 O 原子量 16	⑭ この項目からわかる法則
質量の割合	46.67 %	53.33 %	30.43 %	69.57 %	
質量比	1 :（③　　）		1 :（④　　）		
一定量の窒素と結びついている酸素の質量比		1		（⑤　　）	
体積比	（⑥　　）: 1		（⑦　　）: 1		
化学反応式	（⑧　　）N₂+（⑨　　）O₂ ⟶（⑩　　）NO		（⑪　　）N₂+（⑫　　）O₂ ⟶（⑬　　）NO₂		

化学反応式の係数と最も関係のある法則（⑮　　　　　　）

□ **2** 次の A 〜 D は化学の基本法則について述べた説明文である。

これについて, あとの問いに答えなさい。

A. 倍数比例の法則…2 種類の元素からなる複数の化合物につい

て，一方の元素の一定量と反応している他方の元素の質量は，化合物の間では簡単な整数比になる。

B．気体反応の法則…化学反応の前後では，反応に関係した物質の総質量は変化しない。

C．定比例の法則…同温・同圧のもとで，反応する気体や生成する気体の体積の間には，簡単な整数比がなりたつ。

D．質量保存の法則…ある化合物中の元素の質量比は，その化合物の製法にかかわりなく，常に一定である。

(1) A～Dの説明文で，法則名が正しいものには○，誤りの場合には適切な法則名を書きなさい。

A（　　　　　　　　　　）　B（　　　　　　　　　　）

C（　　　　　　　　　　）　D（　　　　　　　　　　）

(2) A～Dの説明文が示す法則で，原子説に関係するものと分子説に関係するものを，それぞれ法則名ですべて答えなさい。

原子説（　　　　　　　　　　　　　　　　　　　　）

分子説（　　　　　　　　　　　　　　　　　　　　）

□ **3**　次の問いに答えなさい。

(1) 次の文の①～⑤に適当な語句を記入しなさい。

18世紀から19世紀にかけて，物質の化学変化とその質量に関するさまざまな実験が行われ，質量保存の法則や（①　　　　　　）の法則が発見された。これらの法則を説明するために，ドルトンは（②　　　　）説を発表した。またドルトンは（②）説を用いて自らが発見した（③　　　　　　）の法則も説明した。

　その後，（④　　　　　　　）の法則が発見され，これは（②）説では説明できず，アボガドロは（⑤　　　　　　）説を発表した。

(2) ②説と⑤説との違いは何ですか。

（　　　　　　　　　　　　　　　　　　　　　　　）

(3) ②説では，なぜ④の法則が説明できないのか，次の反応を用いて説明しなさい。

$$N_2 + 2O_2 \longrightarrow 2NO_2$$
（1体積のN_2）（2体積のO_2）　　　（2体積のNO_2）

（　　　　　　　　　　　　　　　　　　　　　　　）

✓Check

↳ **2** 質量保存の法則，定比例の法則を説明するためにドルトンは**原子説**を唱えた。また，原子説を証明するため，倍数比例の法則を唱えた。

↳ **3** (1)すべての物質は，それ以上分割できない固有の原子からできているというのがドルトンの原子説。
(2)気体はいくつかの原子が結合した分子からできていると考え，同温・同圧では気体の種類によらず同一体積中に同数の分子を含むという**アボガドロの法則**を説明した。

⑲ 酸と塩基

解答▶別冊P.14

📝 POINTS

1 酸・塩基の定義

① **アレニウスの定義**…水中で電離して H^+ を生じる物質を酸。水中で電離して OH^- を生じる物質を塩基。

② **ブレンステッド・ローリーの定義**…他の物質に H^+ を与える物質を酸。他の物質から H^+ を受けとる物質を塩基。

③ **酸(塩基)の価数**…酸(塩基)1分子から出しうる H^+(OH^-)の数。

2 酸・塩基の強弱

① **電離度**…溶けている酸(塩基)の物質量に対する電離した酸(塩基)の物質量の割合。

$$電離度〔\alpha〕= \frac{電離した溶質の物質量(またはモル濃度)}{溶解した溶質の物質量(またはモル濃度)}$$

② **酸・塩基の強弱**…電離度の大きいものが強酸・強塩基, 小さいものが弱酸・弱塩基で, 酸・塩基の価数の大小は無関係である。

③ **酸性酸化物**…CO_2, NO_2, SiO_2 などは水に溶けて酸性を示すか, 塩基と中和反応する。

④ **塩基性酸化物**…Na_2O, CaO, CuO などは水に溶けて塩基性を示すか, 酸と中和反応する。

---

1 下の表の①～⑦に適当な語句を記入しなさい。

	HCl	H_2SO_4	H_3PO_4	NaOH	$Ca(OH)_2$
価数	1価	(②)	(③)	1価	(⑥)
強弱	(①)	強酸	(④)	(⑤)	(⑦)

2 次の反応のうち, 下線をつけた物質が, ブレンステッド・ローリーの広い定義の酸のはたらきをしているものはどれか。すべて選び, 記号で答えなさい。　　　(　　　　　　　　)

ア　$NH_3 + \underline{H_2O} \longrightarrow NH_4 + OH^-$

イ　$HCl + \underline{H_2O} \longrightarrow H_3O^+ + Cl^-$

ウ　$\underline{NH_4} + H_2O \longrightarrow H_3O^+ + NH_3$

エ　$\underline{HSO_3^-} + H_2O \longrightarrow H_3O^+ + SO_3^{2-}$

オ　$\underline{CH_3COO^-} + H_2O \longrightarrow CH_3COOH + OH^-$

カ　$\underline{[Cu(H_2O)_4]^{2+}} + 4NH_3 \longrightarrow [Cu(NH_3)_4]^{2+} + 4H_2O$

キ　$\underline{HS^-} + H_2O \longrightarrow S^{2-} + H_3O^+$

ク　$CH_3COOH + \underline{H_2O} \longrightarrow CH_3COO^- + H_3O^+$

ケ　$\underline{HCO_3^-} + CH_3COOH \longrightarrow CH_3COO^- + H_2O + CO_2$

コ　$\underline{HCO_3^-} + H_2O \longrightarrow H_2O + CO_2 + OH^-$

サ　$HCO_3^- + \underline{OH^-} \longrightarrow H_2O + CO_3^{2-}$

シ　$HSO_4^- + \underline{HCO_3^-} \longrightarrow H_2O + CO_2 + SO_4^{2-}$

✅ Check

→ 2 H^+ を与えるものが**酸**, H^+ を受けとるものが**塩基**。

🔍 確認

電離平衡

酸や塩基の水溶液は, 条件により電離度が決まっている。実際の水溶液では, 分子がイオンになる速さとイオンが分子になる速さが同じで, 見かけ上電離がとまる。この状態を**平衡状態**といい, 電離における平衡状態を**電離平衡**という。

3 次の酸・塩基の中から強酸と強塩基をすべて選び, 化学式で記しなさい。

↳ **3** 電離度の大きい酸が強酸。

> 塩酸, 水酸化バリウム, アンモニア, 硫酸, 酢酸,
> 水酸化ナトリウム, 硝酸, リン酸, 水酸化カルシウム,
> 水酸化銅(Ⅱ), 硫化水素

強　酸 (　　　　　　　　　　　　　　　　　　　　　)

強塩基 (　　　　　　　　　　　　　　　　　　　　　)

4 次の文の①～⑧に適当な語句を記入しなさい。

↳ **4** 水に溶けなくても塩基(酸)と反応する酸化物は**酸性**(**塩基性**)**酸化物**である。

二酸化炭素は水に溶けると, (①　　　　　　) を生じるためその水溶液は (②　　　　　　) を示す。また, 二酸化ケイ素は水に溶けないが, 水酸化ナトリウムと反応するので, これらの酸化物を (③　　　　) 酸化物という。(④　　　　　　) 元素の酸化物には (③)酸化物が多い。一方, 酸化ナトリウムは水に溶けると (⑤　　　　　　) を生じるためその水溶液は (⑥　　　　) を示す。また, 酸化銅(Ⅱ)は水にほとんど溶けないが, 酸と反応するので, これらの酸化物を (⑦　　　　) 酸化物という。(⑧　　　　　) 元素の酸化物には (⑦)酸化物が多い。

5 次の酸化物を酸性酸化物と塩基性酸化物に分け, 化学式で記しなさい。

↳ **5** 酸性酸化物は非金属元素の酸化物が多く, 塩基性酸化物は金属元素の酸化物が多い。

> 二酸化窒素, 酸化マグネシウム, 二酸化硫黄, 三酸化硫黄,
> 酸化鉄(Ⅲ), 十酸化四リン, 酸化カルシウム, 酸化バリウム

酸 性 酸 化 物 (　　　　　　　　　　　　　　　　)

塩基性酸化物 (　　　　　　　　　　　　　　　　)

6 次の物質の水溶液中での電離の化学反応式を記しなさい。

↳ **6** $HCl \longrightarrow H^+ + Cl^-$
$KOH \longrightarrow K^+ + OH^-$

① $NaOH \longrightarrow$ (　　　　　　　　　　　　)

② $H_2SO_4 \longrightarrow$ (　　　　　　　　　　　　)

③ $Ca(OH)_2 \longrightarrow$ (　　　　　　　　　　　　)

④ $HNO_3 \longrightarrow$ (　　　　　　　　　　　　)

⑤ $Ba(OH)_2 \longrightarrow$ (　　　　　　　　　　　　)

⑥ $H_3PO_4 \longrightarrow$ (　　　　　　　　　　　　)

⑦ $CH_3COOH \longrightarrow$ (　　　　　　　　　　　　)

⑳ 水素イオン濃度と pH

解答▶別冊P.15

📝 POINTS

1 **水の電離**……水は，下のように H^+ と OH^- にごくわずかに電離している。

$$H_2O \rightleftharpoons H^+ + OH^-$$

H^+ のモル濃度（水素イオン濃度）を$[H^+]$，OH^- のモル濃度（水酸化物イオン濃度）を$[OH^-]$ と表すと，25℃の純水では，

$$[H^+]=[OH^-]=1.0\times10^{-7}\,[mol/L]$$

水のイオン積 $[H^+][OH^-]$ は一定値 $1.0\times10^{-14}\,(mol/L)^2$ になるので，$[H^+]$ と $[OH^-]$ の値は，一方が増加すると他方は減少する。

$[H^+]>1.0\times10^{-7}\,[mol/L]>[OH^-]\rightarrow$**酸性**

$[H^+]<1.0\times10^{-7}\,[mol/L]<[OH^-]\rightarrow$**塩基性**

2 **水素イオン濃度とpH**

① **$[H^+]$ と pH の関係**

$[H^+]=1.0\times10^{-x}\,[mol/L]$のとき，$pH=x$ または，$pH=-\log_{10}[H^+]$

② **$[H^+]$ とモル濃度の関係**

α＝電離度 $(0<\alpha\leq1)$ とすると，
$c\,[mol/L]a$ 価の酸→$[H^+]=ac\alpha$
$c'\,[mol/L]b$ 価の塩基→$[OH^-]=bc'\alpha$

$$\longrightarrow[H^+]=\frac{10^{-14}}{bc'\alpha}$$

□ **1** 下の表の①〜⑫に適当な数値を記入しなさい。

酸または塩基	濃度〔mol/L〕	電離度	$[H^+]$〔mol/L〕	$[OH^-]$〔mol/L〕	pH
HCl	0.1	（①　　）	10^{-1}	（②　　）	（③　　）
CH₃COOH	0.1	0.01	（④　　）	（⑤　　）	（⑥　　）
Ca(OH)₂	（⑦　　）	1	（⑧　　）	10^{-1}	（⑨　　）
NH₃	0.1	（⑩　　）	（⑪　　）	（⑫　　）	11

✔Check

□ **2** 0.10 mol/L の酢酸 500 mL 中に存在する水素イオンは何 mol ですか。ただし，このときの酢酸の電離度は 0.013 とする。

↳ **2** $[H^+]=ac\alpha$

（　　　　　　　　）

□ **3** 0.10 mol/L のアンモニア水 200 mL 中に存在する水素イオンは何 mol ですか。ただし，このときのアンモニアの電離度は 0.013 とする。

↳ **3** $[OH^-]=10^{-x}$
$\longrightarrow[H^+]=\dfrac{10^{-14}}{10^{-x}}$

（　　　　　　　　）

□ **4**　2.0 mol/L の希硫酸に水を加えて体積を正確に 50.0 倍に薄めた水溶液の pH を求めなさい。ただし，硫酸は完全に電離しているものとする。$\log_{10}2=0.30$

↳ **4** $[H^+]=ac\alpha$

（　　　　　　　）

□ **5**　1.0 mol/L の水酸化ナトリウム水溶液 0.10 mL を純粋な水で 1.0 L に希釈した水溶液の pH はいくらですか。ただし，水のイオン積は 1.0×10^{-14}〔mol/L〕^{2} とする。

↳ **5** $[H^+]=\dfrac{10^{-14}}{[OH^-]}$

（　　　　　　　）

□ **6**　水溶液の pH に関する次の記述ア〜オのうち，正しいものを 1 つ選びなさい。

ア　0.010 mol/L の硫酸の pH は，同じ濃度の硝酸の pH より大きい。

イ　0.10 mol/L の酢酸の pH は，同じ濃度の塩酸の pH より小さい。

ウ　pH 3 の塩酸を 10^5 倍に薄めると，溶液の pH は 8 になる。

エ　0.10 mol/L のアンモニア水の pH は，同じ濃度の水酸化ナトリウム水溶液の pH より小さい。

オ　pH 12 の水酸化ナトリウム水溶液を 10 倍に薄めると，溶液の pH は 13 になる。

↳ **6** ア．硫酸は 2 価の酸。硝酸は 1 価の酸。
ウ．pH<7 酸性
pH>7 塩基性

（　　　　）

□ **7**　次の問いに答えなさい。

(1)　0.05 mol/L の酢酸（電離度 0.020）の pH を求めなさい。

↳ **7** (1)$[H^+]=ac\alpha$
(2)$pH=-\log_{10}[H^+]$
(3)$[OH^-]=\dfrac{10^{-14}}{[H^+]}$

（　　　　　　　）

(2)　pH 2 の塩酸の水素イオン濃度は，pH 10 のアンモニア水の水素イオン濃度の何倍ですか。

（　　　　　　　）

(3)　0.10 mol/L のアンモニア水の pH は 11 である。電離度を求めなさい。

（　　　　　　　）

㉑ 中和反応

解答▶別冊P.16

📝 POINTS

1 中和反応（中和）……酸と塩基が反応して，水と塩を生じる反応。

酸と塩基の性質は互いに**打ち消し合う**。

酸		塩基		塩		水
HA	+	BOH	⟶	BA	+	H_2O

例 塩酸　　水酸化ナトリウム
$$HCl + NaOH \longrightarrow NaCl + H_2O$$

2 中和の量的関係……酸の出すH^+と塩基のOH^-の物質量が等しいとき，中和が完了する。このとき，溶液は中性を示すとは限らず，酸性，塩基性を示すこともある。

a価の酸n〔mol〕と，b価の塩基n'〔mol〕とが中和すると，$an=bn'$がなりたつ。

a価の酸c〔mol/L〕がV〔L〕，b価の塩基c'〔mol/L〕がV'〔L〕の中和が完了すると，以下の式がなりたつ。

$$a \times c \times V = b \times c' \times V'$$
$$acV = bc'V'$$

□ **1** 次の酸と塩基の中和反応について①～⑮に適当な化学式や数値を記入しなさい。

反応物		生成物	中和が完了したときの物質量の比		
酸	塩基	塩	酸	塩基	塩
HCl	KOH	（①　　　　）	1	1	（②　）
H_2SO_4	（③　　　）	Na_2SO_4	1	（④　）	1
（⑤　　　）	$Ca(OH)_2$	$Ca(NO_3)_2$	（⑥　）	1	1
CH_3COOH	$Ca(OH)_2$	（⑦　　　）	（⑧　）	1	（⑨　）
H_2SO_4	NH_3	（⑩　　　）	1	2	（⑪　）
（⑫　　　）	（⑬　　　）	$Ca_3(PO_4)_2$	（⑭　）	（⑮　）	1

□ **2** 次の問いに答えなさい。ただし，H＝1，C＝12，O＝16，Na＝23，Ca＝40とする。

(1) 塩化水素2molを過不足なく中和させるのに必要な水酸化カルシウムは何molですか。　　　　　（　　　　　　　）

(2) 硫酸3molを過不足なく中和させるのに必要な水酸化ナトリウムは何gですか。

（　　　　　　　）

(3) シュウ酸9.0gを過不足なく中和させるのに必要な水酸化カルシウムは何gですか。

（　　　　　　　）

✓Check

↪ **2** 中和が完了するとき，H^+の物質量とOH^-の物質量は等しい。

(3)シュウ酸の化学式は$(COOH)_2$より，シュウ酸9.0gは何molになるか考える。

□ **3** 次の問いに答えなさい。

(1) 0.10 mol/L の塩酸 30 mL を中和するのに 0.30 mol/L の水酸化ナトリウム水溶液は何 mL 必要ですか。

(　　　　　)

(2) 0.10 mol/L の硫酸 10 mL を中和するのに 0.20 mol/L のアンモニア水は何 mL 必要ですか。

(　　　　　)

(3) 0℃，1.013×10⁵ Pa で 112 mL の二酸化炭素を中和するのに 0.10 mol/L の水酸化ナトリウムは何 mL 必要ですか。

(　　　　　)

(4) 水酸化ナトリウム 4.0 g を中和するのに 0.50 mol/L の硫酸は何 mL 必要ですか。ただし，Na＝23.0，H＝1.0，O＝16.0 とする。

(　　　　　)

↳ **3** (1)$a \times c \times \dfrac{v}{1000}$

$= b \times c' \times \dfrac{v'}{1000}$

(2)硫酸は2価の酸。

(3)0℃，1.013×10⁵ Pa で 1 mol は 22.4 L。

(4)NaOH＝40 より，4.0 g は何 mol になるか考える。

□ **4** 0.1 mol/L の塩酸 10 mL を中和するのに必要な質量が最も少ない物質を，次の**ア〜オ**のうちから 1 つ選びなさい。ただし，H＝1，O＝16，Mg＝24，K＝39，Ca＝40，Na＝23，Ba＝137 とする。

(　　　　　)

ア 水酸化マグネシウム　**イ** 水酸化カリウム
ウ 水酸化カルシウム　　**エ** 水酸化ナトリウム
オ 水酸化バリウム

↳ **4** $a \times c \times \dfrac{v}{1000}$

$= b \times \dfrac{w}{M}$

□ **5** 不純物として塩化ナトリウムを含む水酸化ナトリウム 1.0 g を水に溶かし，0.30 mol/L の塩酸で中和したところ，塩酸 80.0 mL を要した。これより，水酸化ナトリウム中の不純物の質量パーセント濃度を求めなさい。ただし，Na＝23.0，H＝1.0，O＝16.0 とする。

(　　　　　) 〔福井工業大〕

↳ **5** $a \times c \times \dfrac{v}{1000}$

$= b \times \dfrac{w}{M}$

22 塩の分類と性質

解答▶別冊P.17

✎ POINTS

1 塩の分類

① **正塩**…酸のHが完全に他の陽イオン（金属イオンやNH$_4^+$など）で置換された化合物。

　例　CH_3COONa など

② **酸性塩**…2価以上の酸のHが一部だけ金属イオンなどで置換された化合物。

　例　$NaHCO_3$ など

③ **塩基性塩**…2価以上の塩基のOHが一部だけ陰イオンで置換された化合物。

　例　$CuCl(OH)$ など

塩の水溶液が示す性質と正塩，酸性塩，塩基性塩という分類は関係していない。

2 塩の水溶液の性質

① **強酸と弱塩基から生じた正塩**…水溶液は酸性を示す。

② **弱酸と強塩基から生じた正塩**…水溶液は塩基性を示す。

③ **強酸と強塩基から生じた塩**…正塩の場合は中性，酸性塩の場合は酸性，塩基性塩の場合は塩基性を示す。

3 弱酸・弱塩基性の遊離

……弱酸の塩に強酸を加えると強酸の塩と弱酸が生じる。これを**弱酸の遊離**という。また，弱塩基の塩に強塩基を加えると強塩基の塩と弱塩基が生じ，これを**弱塩基の遊離**という。

□ **1** 次の表の①〜⑯に適当な語句を記入しなさい。

塩	NaCl	CH$_3$COONa	(NH$_4$)$_2$SO$_4$	Ca(NO$_3$)$_2$	CuSO$_4$
でき方	強酸と強塩基	（①　　　）と強塩基	強酸と（②　　　）	強酸と（③　　　）	強酸と（④　　　）
塩の水溶液の性質	（⑤　　　）	（⑥　　　）	（⑦　　　）	（⑧　　　）	（⑨　　　）

塩	KCl	NaHSO$_4$	Mg(OH)Cl	Ca(HCO$_3$)$_2$	NH$_4$NO$_3$
組成	HもOHもない	Hが残っている	（⑩　　　）	（⑪　　　）	（⑫　　　）
分類	正塩	（⑬　　　）	（⑭　　　）	（⑮　　　）	（⑯　　　）

□ **2** 次の化学式で示した塩を(1)酸性塩，(2)塩基性塩，(3)正塩に分類しなさい。

$$LiCl,\ CH_3COOK,\ NaHCO_3,\ (NH_4)_2CO_3,$$
$$CaCl(OH),\ KNO_3,\ Pb(OH)NO_3$$

(1) 酸 性 塩（　　　　　　　　　　　　　　　　）

(2) 塩基性塩（　　　　　　　　　　　　　　　　）

(3) 正　　塩（　　　　　　　　　　　　　　　　）

✓ Check

↳ **2** 化学式にHもOHもない場合は**正塩**である。

□ **3** 次の塩の水溶液が示す性質を(1)酸性, (2)塩基性, (3)中性に分類しなさい。

$$CaCl_2, MgCl_2, Na_2CO_3, FeCl_3, Na_2SO_4,$$
$$NaHCO_3, NH_4Cl, NaHSO_4, KH_2PO_4$$

(1) 酸性

(　　　　　　　　　　　　　　　　　　　　　　　)

(2) 塩基性

(　　　　　　　　　　　　　　　　　　　　　　　)

(3) 中性

(　　　　　　　　　　　　　　　　　　　　　　　)

3 塩基性を示すのは, **弱酸と強塩基**から生じる正塩で, 酸性塩や塩基性塩は物質によって水溶液が酸性を示したり, 塩基性を示したりする。

□ **4** 下に示した化合物のうち, (1)酸性塩はどれか。(2)水に溶けて酸性を示すものはどれか, それぞれ化学式で答えなさい。

$$\left[\begin{array}{l} 塩化アンモニウム, 塩化ナトリウム, 硫酸水素ナトリウム, \\ 硫酸ナトリウム, 炭酸水素ナトリウム, 硫酸銅(II), \\ 硝酸ナトリウム, 酢酸ナトリウム, 塩化カリウム, \\ 亜硫酸ナトリウム \end{array} \right]$$

(1) 酸性塩

(　　　　　　　　　　　　　　　　　　　　　　　)

(2) 酸性

(　　　　　　　　　　　　　　　　　　　　　　　)

4 酸のHが残っている塩が**酸性塩**。強酸と弱塩基からなる正塩および強酸の酸性塩の水溶液は酸性。

□ **5** 次の塩を水に溶かしたときの化学反応式を書きなさい。

(1) 酢酸ナトリウム

(　　　　　　　　　　　　　　　　　　　　　　　)

(2) 塩化アンモニウム

(　　　　　　　　　　　　　　　　　　　　　　　)

(3) 硝酸カリウム

(　　　　　　　　　　　　　　　　　　　　　　　)

(4) 硫酸水素ナトリウム

(　　　　　　　　　　　　　　　　　　　　　　　)

(5) 炭酸水素ナトリウム

(　　　　　　　　　　　　　　　　　　　　　　　)

5 強酸と弱塩基, 弱酸と強塩基, 弱酸と弱塩基から生じた**塩**は水に溶けると塩を構成するイオンが水と反応して**加水分解**を受ける。
　強酸と強塩基から生じた塩は加水分解を受けず, **電離のみ**が起こる。

㉓ 中和滴定

✎ POINTS

1 中和滴定……濃度のわかっている酸(塩基)を用いて，濃度のわからない塩基(酸)の濃度を求める操作を**中和滴定**という。

① **中和反応と中和点**…中和反応が完了する点を**中和点**(中和反応の終点)という。塩の加水分解のため中和点のpHは中性を示すとは限らない。

② **滴定曲線**…中和滴定で，加えた酸(塩基)の体積と溶液のpHの関係を示したグラフ。曲線は中和点の前後で**急に変化**する。

③ **中和滴定と指示薬**
▶ **強酸と強塩基**…フェノールフタレイン，メチルオレンジ

▶ **強酸と弱塩基**…メチルオレンジ
▶ **弱酸と強塩基**…フェノールフタレイン

2 量的関係……濃度のわからない c〔mol/L〕の a 価の酸の溶液を一定量 v〔mL〕とり，これに濃度のわかっている c'〔mol/L〕の b 価の塩基の溶液をビュレットから滴下していき，ちょうど v'〔mL〕で中和が完了したとすると次の関係がなりたつ。

$$a \times c \times \frac{v}{1000} = b \times c' \times \frac{v'}{1000}$$

$$acv = bc'v'$$

□ **1** 酸と塩基の水溶液の中和滴定曲線は酸・塩基の組み合わせによって異なった形を示す。塩酸・酢酸水溶液・水酸化ナトリウム水溶液・アンモニア水を使って，以下の図の滴定曲線を得た。①～⑥に適当な語句を記入しなさい。

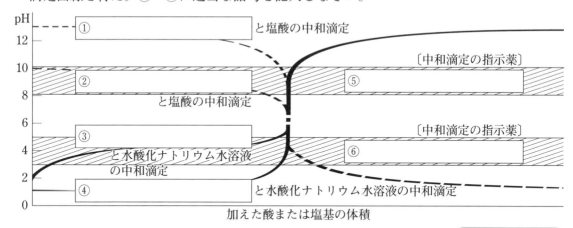

加えた酸または塩基の体積

✓ Check

□ **2** あとの A ～ H の図は中和滴定のときなどに用いられる器具である。次の問いに答えなさい。

↳ **2** (2)正確に溶液の体積をはかりとるには，目盛りが正確でないといけない。

(1) B，E，G，H の器具の名称は何ですか。

B（　　　　　　　　）　E（　　　　　　　　）
G（　　　　　　　　）　H（　　　　　　　　）

(2) 次の用途に適した器具を選び，記号で答えなさい。

① 液体の体積を正確にはかりとる。　　　（　　　）

② 液体の体積を定められた値にする。　　　（　　　）

③ 滴定に用いた液体の体積を正しく求める。　（　　　）

(3) E や G を洗浄後，乾燥機に入れてはいけないのはなぜですか。

（　　　　　　　　　　　　　　　　　　　　　　　　　　）

A　　　　B　　　　C　　　　D　　　E　F　G　　　H

---

3 次の文を読み，あとの問いに答えなさい。ただし，C＝12.0，H＝1.0，O＝16.0 とする。

シュウ酸二水和物(COOH)₂·2H₂O を正確に 3.15 g はかりとり，（ ① ）を用いて 500 mL のシュウ酸標準水溶液にした。このシュウ酸水溶液 25.0 mL を（ ② ）を用いてコニカルビーカーにとり，フェノールフタレインを加え（ ③ ）を用いて濃度未知の水酸化ナトリウム水溶液で滴定したところ，20 mL を要した。

(1) ①～③に最も適している器具名を記入しなさい。

①（　　　　　）　②（　　　　　）　③（　　　　　　）

(2) 水酸化ナトリウムを正確にはかりとり，水に溶かして水酸化ナトリウム水溶液をつくっても，正確な濃度のものは得られない。その理由を簡単に説明しなさい。

（　　　　　　　　　　　　　　　　　　　　　　　　　　）

(3) シュウ酸標準水溶液の濃度は何 mol/L ですか。

（　　　　　　　　　　）

(4) 水酸化ナトリウム水溶液の濃度は何 mol/L ですか。

（　　　　　　　　　）〔豊橋技術科学大－改〕

---

4 食酢を正確に 10 倍に薄めたものを 10.00 mL とり，これを 0.100 mol/L の水酸化ナトリウム水溶液で中和滴定したところ，5.10 mL を要した。もとの食酢のモル濃度，質量パーセント濃度を求めなさい。ただし食酢の密度は 1.02 g/cm³ とする。また，食酢中の酸は酢酸のみとし，C＝12.0，H＝1.0，O＝16.0 とする。

モル濃度（　　　　　　　　）　質量パーセント濃度（　　　　　　　）

---

3 (2)水酸化ナトリウムは塩基性の白色の固体で，空気中の水分を吸収して溶ける性質(**潮解性**)がある。

(3)
モル濃度＝$\dfrac{w}{M}\cdot\dfrac{1}{V}$

(4)シュウ酸の電離で得られるH⁺の物質量と水酸化ナトリウム水溶液の電離で得られるOH⁻の物質量は等しくなる。

4 食酢 1 L の質量は

1000×1.02
$\qquad=1020〔g〕$

CH₃COOH＝60 より，質量パーセント濃度は

$\dfrac{c\times60}{1020}\times100〔\%〕$

24 酸化と還元

解答▶別冊P.19

POINTS

1 酸化・還元の定義と酸化還元反応……酸化は酸素との化学結合だけでなく，**水素や電子のやりとり**によっても定義される。酸化と還元は**同時に起こる**。酸化・還元が起こる反応を**酸化還元反応**という。

① **ある物質が酸化されたときの変化**…物質が酸素を得る，水素を失う，物質中のある原子が電子を失う，酸化数が増加する，相手を還元するとき，酸化されている。

② **ある物質が還元されたときの変化**…物質が酸素を失う，水素を得る，物質中のある原子が電子を得る，酸化数が減少する，相手を酸化するとき，還元されている。

2 酸化数の決め方
① 単体中の原子は0。
② 化合物中の H は＋1，O は－2。
③ 化合物中の構成原子の酸化数の総和は0。
④ 単原子イオンの酸化数はイオンの電荷に等しい。
⑤ 多原子イオンの構成原子の酸化数の総和はイオンの電荷に等しい。

□ **1** ①〜⑫内の適する語句を○で囲みなさい。

▶Oの授受

H_2はOを①（得，失っ）てH_2Oになったので②（酸化，還元）された。

$$CuO \; + \; H_2 \; \longrightarrow \; Cu \; + \; H_2O$$

CuOはOを③（得，失っ）てCuになったので④（酸化，還元）された。

▶Hの授受

O_2はHを⑤（得，失っ）てH_2Oになったので⑥（酸化，還元）された。

$$CH_4 \; + \; 2O_2 \; \longrightarrow \; CO_2 \; + \; 2H_2O$$

CH_4はHを⑦（得，失っ）てCO_2になったので⑧（酸化，還元）された。

▶電子の授受

$$2Cu \; + \; O_2 \; \longrightarrow \; 2CuO$$

この反応での各物質の電子の授受をイオン反応式で示す。

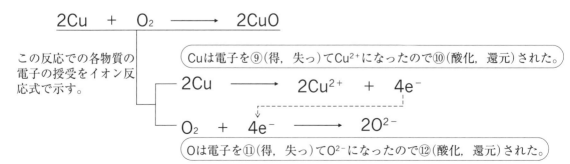

Cuは電子を⑨（得，失っ）てCu^{2+}になったので⑩（酸化，還元）された。

$$2Cu \; \longrightarrow \; 2Cu^{2+} \; + \; 4e^-$$

$$O_2 \; + \; 4e^- \; \longrightarrow \; 2O^{2-}$$

Oは電子を⑪（得，失っ）てO^{2-}になったので⑫（酸化，還元）された。

2 次の反応で，下線の物質が酸化されたか，還元されたかを記入しなさい。

(1) $Fe_2O_3 + 2\underline{Al} \longrightarrow 2Fe + Al_2O_3$ （　　　　）

(2) $2Mg + \underline{C}O_2 \longrightarrow 2MgO + C$ （　　　　）

(3) $CuO + \underline{C}H_3OH \longrightarrow Cu + HCHO + H_2O$ （　　　　）

(4) $H_2S + \underline{Cl_2} \longrightarrow S + 2HCl$ （　　　　）

(5) $\underline{S} + 2e^- \longrightarrow S^{2-}$ （　　　　）

(6) $\underline{Fe} \longrightarrow Fe^{2+} + 2e^-$ （　　　　）

✓ **Check**

↳ **2** O の授受，H の授受，e^- の授受のうち，何の授受か見きわめる。
酸化数+1，+2，+3 を+Ⅰ，+Ⅱ，+Ⅲと表現することもある。

3 次の(1)〜(12)に示す物質を構成する下線の原子の酸化数を求めなさい。

(1) $\underline{S}O_2$ （　　　　） (2) $\underline{Fe}^{3+}$ （　　　　）

(3) $H_2\underline{S}$ （　　　　） (4) $\underline{N}O_2$ （　　　　）

(5) $\underline{S}O_4^{2-}$ （　　　　） (6) $\underline{Mn}O_4^-$ （　　　　）

(7) $K_2\underline{Cr}_2O_7$ （　　　　） (8) $H_2\underline{O}_2$ （　　　　）

(9) $\underline{F}_2$ （　　　　） (10) $Ca\underline{H}_2$ （　　　　）

(11) $\underline{Fe}_3(PO_4)_2$ （　　　　） (12) $HC\underline{l}O_4$ （　　　　）

↳ **3** 酸化数の合計はイオンの電荷に等しく，
$SO_2 = 0$，
$SO_4^{2-} = -2$，
過酸化物の O は-1，
K，Na，Ca のような陽性が強い元素との水素化物の H は-1。

4 下線で示す①〜④の原子の酸化数を求め，⑤・⑥には示した原子が反応によって酸化されている場合は○，還元されている場合は×を記入しなさい。

(1) $2K\underline{I} + \underline{Cl}_2 \longrightarrow \underline{I}_2 + 2K\underline{Cl}$

（①　　） （②　　） （③　　） （④　　）　　　I（⑤　　） Cl（⑥　　）

(2) $\underline{Zn} + \underline{H}_2SO_4 \longrightarrow \underline{Zn}SO_4 + \underline{H}_2$

（①　　） （②　　） （③　　） （④　　）　　　Zn（⑤　　） H（⑥　　）

(3) $2\underline{F}_2 + 2H_2\underline{O} \longrightarrow 4H\underline{F} + \underline{O}_2$

（①　　） （②　　） （③　　） （④　　）　　　F（⑤　　） O（⑥　　）

(4) $\underline{Cu} + 4H\underline{N}O_3 \longrightarrow \underline{Cu}(NO_3)_2 + 2\underline{N}O_2 + 2H_2O$

（①　　） （②　　） （③　　） （④　　）　　　Cu（⑤　　） N（⑥　　）

(5) $H_2\underline{O}_2 + \underline{S}O_2 \longrightarrow H_2\underline{S}O_4$

（①　　） （②　　） （③　　） （④　　）　　　O（⑤　　） S（⑥　　）

↳ **4** 酸化数が増える
→電子を放出する
→**酸化された**
　酸化数が減る
→電子を得る
→**還元された**

第1章　第2章　第3章　第4章

㉕ 酸化剤・還元剤

解答▶別冊P.20

✏ POINTS

1 **酸化剤**……自身は還元され相手を酸化する物質で，H_2 以外の非金属元素の単体や，反応によって酸化数が減少する原子を含む物質。

2 **還元剤**……自身は酸化され相手を還元する物質で，金属元素の単体や，反応によって酸化数が増加する原子を含む物質。

3 **酸化・還元のイオン反応式の書き方**……酸化還元反応において，酸化剤・還元剤に着目して電子 e^- を含むイオン反応式をつくることがある。この反応式を**半反応式**という。

水溶液中には酸化剤・還元剤の他は H_2O，H^+，OH^- しかないので，それらを材料として両辺の原子の種類と数，電荷の合計が同じになるように電子 e^- で調整する。酸化剤，還元剤の半反応式を組み合わせると，酸化還元反応の化学反応式をつくることができる。

4 **酸化還元滴定**……濃度のわかっている酸化剤（還元剤）を用いて，濃度のわからない還元剤（酸化剤）の濃度を求める操作を**酸化還元滴定**という。

□ **1** MnO_4^- の酸化還元反応に関して，①〜③に数値を入れ，イオン反応式（半反応式）を完成させなさい。

反応前　　**反応後**
▶MnO_4^- ⟶ Mn^{2+}

①Oに着目し，H_2O を使って両辺を調整する。

MnO_4^- ⟶ Mn^{2+} + （① 　　　）H_2O

〔左辺にOが4個あるので右辺に H_2O を書き加える〕

②H_2O を使うとHが付いてくるので，H^+ で調整する。

MnO_4^- + （② 　　　）H^+ ⟶ Mn^{2+} + （ ① ）H_2O

〔右辺に（ ① ）個の H_2O があるので左辺に H^+ を書き加える〕

③両辺の電荷の合計をそろえるため e^- で調整する。

左辺に e^- を書き加える

$\underset{\text{電荷は} -1}{MnO_4^-}$ + $\underset{\text{電荷は} +8}{(②)H^+}$ + （③ 　　　）e^- ⟶ $\underset{\text{電荷は} +2}{Mn^{2+}}$ + $\underset{\text{電荷は} 0}{(①)H_2O}$

✅ Check

↳ **2** H_2O，H^+ を両辺に足して原子の数をそろえ，最終的に両辺の電荷の数が同じになるように電子 e^- で調節する。

□ **2** 次の(1)〜(6)に示す物質の酸化または還元に関するイオン反応式（半反応式）を完成させなさい。

(1) $Cr_2O_7^{2-}$ ⟶ $2Cr^{3+}$ （　　　　　　　　　　）

(2) H_2O_2 ⟶ O_2 （　　　　　　　　　　）

(3) SO_2 ⟶ SO_4^{2-} （　　　　　　　　　　）

(4) H_2O_2 ⟶ H_2O （　　　　　　　　　　）

(5) $HNO_3 \longrightarrow NO$ （　　　　　　　　　　　　　　　）

(6) $SO_2 \longrightarrow S$ （　　　　　　　　　　　　　　　）

☐ **3** 次のイオン反応式を1つにまとめて，酸化還元反応のイオン反応式をつくりなさい。

(1) 次の式をもとに，酸化還元反応のイオン反応式をつくりなさい。

$$(H_2O_2 + 2H^+ + 2e^- \longrightarrow 2H_2O) \times 1$$
$$+) \quad (Fe^{2+} \longrightarrow Fe^{3+} + e^-) \times 2$$

（　　　　　　　　　　　　　　　　　　　　　　）

(2) ☐の中の数値を考え，酸化還元反応のイオン反応式をつくりなさい。

$$(MnO_4^- + 8H^+ + 5e^- \longrightarrow Mn^{2+} + 4H_2O) \times \boxed{}$$
$$+) \quad (SO_2 + 2H_2O \longrightarrow SO_4^{2-} + 4H^+ + 2e^-) \times \boxed{}$$

（　　　　　　　　　　　　　　　　　　　　　　）

↳ **3** それぞれの式を何倍（整数倍）かして足し，e^-を消去する。

☐ **4** 下線の物質が酸化剤としてはたらいているものを1つ選びなさい。また，酸化還元反応ではない式を1つ選びなさい。

ア $2\underline{Al} + 6HCl \longrightarrow 2AlCl_3 + 3H_2$

イ $2\underline{K_2CrO_4} + 2HCl \longrightarrow K_2Cr_2O_7 + H_2O + 2KCl$

ウ $2KI + \underline{Cl_2} \longrightarrow 2KCl + I_2$

エ $\underline{SO_2} + I_2 + 2H_2O \longrightarrow H_2SO_4 + 2HI$

酸化剤（　　　　）　酸化還元反応ではない（　　　　）〔慶應大-改〕

↳ **4** 酸化数が減っている原子を見つける。

☐ **5** 濃度未知のシュウ酸水溶液10.0 mLをコニカルビーカーに入れ，0.010 mol/Lの過マンガン酸カリウム水溶液で滴定したところ，7.2 mLで変色した。次の反応式を見て，問いに答えなさい。

$$MnO_4^- + 8H^+ + 5e^- \longrightarrow Mn^{2+} + 4H_2O$$

$$H_2C_2O_4 \longrightarrow 2CO_2 + 2H^+ + 2e^-$$

(1) 過マンガン酸カリウム水溶液を入れる器具名を答えなさい。

（　　　　　　　　）

(2) どのように変色したのか答えなさい。（　　色→　　色）

(3) シュウ酸水溶液のモル濃度を求めなさい。（　　　　　　　）

〔上智大-改〕

↳ **5** 中和滴定と同様に考える。また，酸化剤が受けとったe^-の物質量と還元剤が放出したe^-の物質量は等しい。
$acv = bc'v'$
a, b：出入りするe^-の数
c, c'：モル濃度
v, v'：溶液の体積

㉖ イオン化傾向

✎ POINTS

1️⃣ **イオン化傾向**……金属単体が水溶液中で電子 e^- を放出して陽イオンになろうとする性質。金属の種類によって大きさが異なる。

2️⃣ **イオン化列**……イオン化傾向が大きい順に金属の原子を並べたもの。また，H_2 は陽イオンになりやすいため，金属ではないが比較のため入れてある。

Li K Ca Na Mg Al Zn Fe Ni Sn Pb (H₂) Cu Hg Ag Pt Au
やすい ◄──────── e^- を放出し ────────► にくい
やすい ◄──────── 酸化され ────────► にくい
強い ◄──────── 還元力 ────────► 弱い
大 ◄──────── 反応性 ────────► 小

〈イオン化列〉

□ **1** ①〜⑦について，反応する金属を下の図のように矢印で示しなさい。

反応するもの	Li K Ca Na	Mg Al Zn Fe Ni	Sn Pb (H₂) Cu Hg	Ag Pt Au
水	◄──────►			
熱水	(①			)
高温水蒸気	(②			)
希硫酸・塩酸	(③			)
硝酸・熱濃硫酸	(④			)
王水	(⑤			)
常温の空気で酸化	(⑥			)
強熱で酸化	(⑦			)

□ **2** 下の文の①〜⑯に適当な語句を記入しなさい。

イオン化傾向の大きい Na を水に入れると電子を（① ）して，Na^+ になる。水はその電子を受けとり水素が発生する。

$$Na \longrightarrow Na^+ + e^- \qquad \cdots(1)$$

$$2H_2O + (② \quad)e^- \longrightarrow H_2 + (③ \quad)OH^- \cdots(2)$$

この2つの反応式を1つにまとめて整理すると以下のようになる。

（④ ）

K や Li も水と反応させると同様の変化をして水酸化物をつくる。イオン化傾向が（⑤ ）より大きい金属は希硫酸や塩酸で溶かすことができる。例えば，希硫酸に鉄片を入れると，H^+ と Fe 原子が接触する。イオン化傾向から考えると，より陽イオンになりやすいのは（⑥ ）であるのに，H が陽イオンとなっている。このため，Fe が電子を放出して（⑦ ）イオンになろうとして次の反応が起こる。

✅ Check

↳ **2** 原子は e^- を得れば陰イオンになり，失えば陽イオンになる。

王水は非常に強力な酸化剤としてはたらく物質で，濃硝酸と濃塩酸を体積比 1：3 で混合した溶液である。

「王水は1硝3塩」と覚える。

$$Fe \longrightarrow Fe^{2+} + (⑧\qquad)$$
$$2H^+ + (⑨\qquad)e^- \longrightarrow H_2$$

鉄片の表面にはFe^{2+}が生じて互いに反発するため希硫酸中に分散していき，鉄片は小さくなる（溶ける）。鉄片の表面で電子を（⑩　　　　）たH^+はH_2の泡となる。

　イオン化傾向がH_2より（⑪　　　　　　）い金属は塩酸・希硫酸では溶かせない。例えば，希硫酸中にCuを入れても，より陽イオンになりやすいHがすでにH^+となっているので，それ以上の変化は起こらない。Cu, Hg, Agを溶かすためには（⑫　　　　）力をもった濃（⑬　　　　）・希（⑬　）か，（⑭　　　　　　）が必要である。Pt, Auを溶かすには王水を用いる。王水は（⑮　　　　　）と（⑯　　　　　　）を1：3で混合してつくる。

☐ **3** 次の(1)〜(7)で，反応が起こるものは○，起こらないものは×，反応が起きても持続しないものには△を書きなさい。

(1) Snに高温水蒸気をあてる。　　　　　　　（　　　）

(2) Pbを希硫酸に入れる。　　　　　　　　　（　　　）

(3) AgをNi^{2+}を含む水溶液に入れる。　　　（　　　）

(4) MgをCu^{2+}を含む水溶液に入れる。　　（　　　）

(5) Alを濃硫酸に入れる。　　　　　　　　　（　　　）

(6) Agを強熱する。　　　　　　　　　　　　（　　　）

(7) Cuを希硫酸に入れる。　　　　　　　　　（　　　）

☐ **4** 金属A〜Eは，Pt, Cu, Fe, K, Mgのいずれかである。

① BとDは濃硝酸では溶けなかった。

② AとEは沸騰水で反応してH_2を発生した。

③ Cの陽イオンを含む水溶液にDを入れるとCが析出した。

④ Eは室温で酸化された。

(1) A〜Eの金属名を答えなさい。

A（　　　　　） B（　　　　　） C（　　　　　）
D（　　　　　） E（　　　　　）

(2) Cを濃硝酸で溶解したときに発生する気体の分子式と色を答えなさい。　　　分子式（　　　　　） 色（　　　　　）

(3) ①でDが溶けなかったのは何を形成したためですか。また，同様の性質をもつ金属を2種類，元素記号で答えなさい。
　　形成したもの（　　　　　） 金属（　　　），（　　　）

3 金属イオンを含む水溶液に金属を入れると，イオン化傾向の小さいほうが析出する。
　金属が水溶液と反応しても，金属表面に酸化被膜ができ，金属内部は反応しなくなる状態を**不動態**という。不動態が生じるため，Al, Fe, Niは濃硝酸に溶けない。

4 イオン化列の順に並びかえてから，「水でも反応」「濃硝酸に反応」などを考える。
(2)希硝酸では無色のNOが発生する。

㉗ 電　池

✎ POINTS

1 電池の原理……2種類の金属を電解液に
浸して導線でつなぐと，イオン化傾向が
大きいほうの物質が電子を放出し**負極**と
なり，電気が流れる。このとき，電子を
受け入れる側を**正極**という。正極側の反
応物を**正極活物質**（**還元**される），負極側
を**負極活物質**（**酸化**される）という。電流
は**電子の流れ**で，電子は負極から正極に
流れるが，電流は正極から負極へ流れる。

2 いろいろな電池

① ダニエル電池

$$(-)Zn|ZnSO_4\ aq|CuSO_4\ aq|Cu(+)$$

負極：$Zn \longrightarrow Zn^{2+}+2e^-$

正極：$Cu^{2+}+2e^- \longrightarrow Cu$

② 燃料電池　$(-)H_2|H_3PO_4\ aq|O_2(+)$

負極：$H_2 \longrightarrow 2H^++2e^-$

正極：$O_2+4H^++4e^- \longrightarrow 2H_2O$

③ マンガン乾電池

$$(-)Zn|ZnCl_2\ aq,\ NH_4Cl\ aq|MnO_2,\ C(+)$$

負極：$Zn \longrightarrow Zn^{2+}+2e^-$

正極：$MnO_2+NH_4^++e^-$
$$\longrightarrow MnO(OH)+NH_3$$

④ アルカリマンガン乾電池

$$(-)Zn|KOH\ aq|MnO_2(+)$$

負極：$Zn+2OH^- \rightarrow ZnO+H_2O+2e^-$

正極：$2MnO_2+H_2O+2e^- \rightarrow Mn_2O_3+2OH^-$

⑤ 鉛蓄電池　$(-)Pb|H_2SO_4\ aq|PbO_2(+)$

負極：$Pb+SO_4^{2-} \longrightarrow PbSO_4+2e^-$

正極：$PbO_2+4H^++SO_4^{2-}+2e^-$
$$\longrightarrow PbSO_4+2H_2O$$

□ **1**　ダニエル電池について①～⑫に適当な語句を記入しなさい。ただし，④，⑤，⑥に
はイオンを表す化学式を記入しなさい。

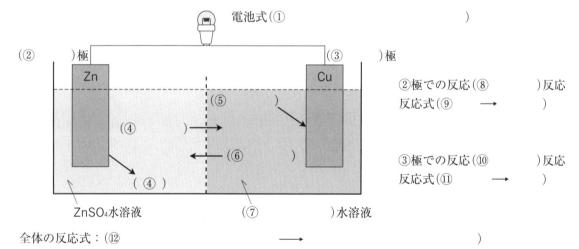

全体の反応式：（⑫　　　　　　　　　　　　　　 $\longrightarrow$ 　　　　　　　　　　　　　　）

□ **2**　次の文の①～⑦に適当な語句を記入しなさい。

　　ダニエル電池では，放電すると正極であるCu板に（①　　　　　）が析出する。負極
側の水槽ではZn²⁺が増加し＋に帯電するため，電子は静電気力を受けてZn板から出ら
れなくなる。正極側の水槽はSO₄²⁻の数は変化しないがCu²⁺が減少するため，全体的に
（②　　　　）に帯電して，やってくる電子をとめてしまう。そこで，両水槽間でイオンの

交換ができるように素焼き板などのしきりを入れると Zn^{2+} は正極側へ，（③　　　　）イオンは負極側へ移動し電気的なバランスがとれ，電流は流れ続けることができる。電子は（④　　　）板から導線を通って（⑤　　　）板の向き，電流は（⑥　　　）板から導線を通って（⑦　　　）板の向きに流れる。

Check
↳ **2** ダニエル電池の特徴を整理しておこう。

□ **3**　各電池の，電池式と各極でのイオン反応式，電池全体の化学反応式（(3)は除く）を書きなさい。

(1)　ダニエル電池　　電池式（　　　　　　　　　　　　　　　）

　　正極（　　　　　　　　　　　）　　負極（　　　　　　　　　）

　　全体（　　　　　　　　　　　　　　　　　　　　　　　　　）

(2)　燃料電池（リン酸型）　　電池式（　　　　　　　　　　　　）

　　正極（　　　　　　　　　　　）　　負極（　　　　　　　　　）

　　全体（　　　　　　　　　　　　　　　　　　　　　　　　　）

(3)　マンガン乾電池　　電池式（　　　　　　　　　　　　　　　）

　　正極（　　　　　　　　　　　　　　　　　　　　　　　　　）

　　負極（　　　　　　　　　　　　　　　　　　　　　　　　　）

(4)　鉛蓄電池（放電）　　電池式（　　　　　　　　　　　　　　）

　　正極（　　　　　　　　　　　　　　　　　　　　　　　　　）

　　負極（　　　　　　　　　　　　　　　　　　　　　　　　　）

　　全体（　　　　　　　　　　　　　　　　　　　　　　　　　）

↳ **3** (1)負極で電子を放出し,正極で受けとっている。
(2)KOH型（アルカリ型）は負極で水が発生する。
(4)Pbの酸化数の変化は,
PbO_2：$+4 \rightarrow +2$
Pb　：　$0 \rightarrow +2$

□ **4**　次の文の①〜⑩に適する語句を記入しなさい。

　ロケット燃料にも使われる H_2 と O_2 を（①　　　）物質として，燃焼させずに直接電力をとり出すものを燃料電池という。この場合，電子を放出して負極となるのは（②　　　）である。リン酸を電解液とした場合，水を発生するのは（③　　　）極である。

　鉛蓄電池では,両極の活物質はともに不溶性の（④　　　　　）になる。Pb と PbO_2 でのイオン化傾向は（⑤　　　）のほうが大である。放電すると両極板は（⑥　　　）くなり，希硫酸の密度は（⑦　　　）くなる。充電する場合は，正極と外部電源の（⑧　　　）極，負極と外部電源の（⑨　　　）極を接続し，放電の逆反応が起こす。このように，充電できる電池を（⑩　　　）次電池という。

↳ **4** ⑤イオン化傾向大＝反応性大ということなので，未反応のPbがイオン化傾向が大であり負極となる。

㉘ 電気分解

解答▶別冊P.24

✏ POINTS

1 製錬……金属を含む鉱石から酸化還元反応で金属の単体を得ることを**製錬**という。

2 電気分解……電解質の水溶液や融解塩に電極を入れて，外部電源から電子を出し入れすることで酸化還元反応を起こさせて，単体やイオンを得ること。

① **陽極での反応**…電子を奪われる，酸化反応が起こる。

▶ Au，Pt，C を陽極にした場合
・Cl^-，Br^-，I^- は Cl_2, Br_2, I_2 になる。
・$SO_4{}^{2-}$，$NO_3{}^-$ がある場合，$H_2O(OH^-)$ が O_2 になる。

▶陽極に Au，Pt，C 以外の金属を使うと，酸化されて陽イオンになり，溶解する。

② **陰極での反応**…電子を得る，還元反応が起こる。
・イオン化傾向が小さい金属イオンほど，電子を得て，還元され単体になりやすい。
・$H_2O(H^+)$ は H_2 になる。

3 ファラデーの法則……陰極・陽極で変化した物質の物質量は流れた**電気量と比例**する。

電気量〔C〕＝電流〔A〕×時間〔s〕

電子 1 mol がもつ電気量の大きさをファラデー定数〔F〕という。$F = 9.65 \times 10^4$ C/mol

---

□ **1** 下の図の①～⑧に適当な語句を記入しなさい。③・④・⑦・⑧には化学反応式を記入しなさい。

▶$CuCl_2$**水溶液の電気分解**

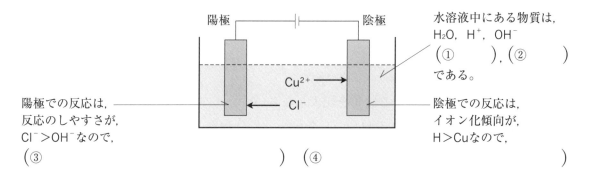

水溶液中にある物質は，H_2O, H^+, OH^-
（①　　　），（②　　　）である。

陽極での反応は，反応のしやすさが，$Cl^->OH^-$なので，
（③　　　　　　　　　　　）

陰極での反応は，イオン化傾向が，H＞Cuなので，
（④　　　　　　　　　　　）

▶Na_2SO_4**水溶液の電気分解**

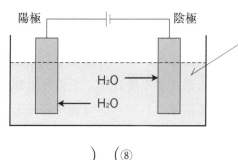

水溶液中にある物質は，H_2O, H^+, OH^-
（⑤　　　），（⑥　　　）である。溶液がほぼ中性のためH^+，OH^-が少なく，水がかわりに反応する。

陽極では$SO_4{}^{2-}$は反応せず，OH^-のかわりに水が反応してO_2が発生する。
（⑦　　　　　　　　　　　）

陰極ではNa^+は反応せず，H^+のかわりに水が反応してH_2が発生する。
（⑧　　　　　　　　　　　）

□ **2** 次の水溶液を電気分解したときのイオン反応式を書きなさい。

電解液	電極		イオン反応式
H₂SO₄水溶液	陽極	Pt	①
	陰極	Cu	②
NaOH水溶液	陽極	Pt	③
	陰極	C	④
KI水溶液	陽極	C	⑤
	陰極	C	⑥
CuSO₄水溶液	陽極	Cu	⑦
	陰極	Cu	⑧
融解塩NaCl	陽極	C	⑨
	陰極	C	⑩

✎ **2** H^+ は溶液が酸性のとき，OH^- は溶液が塩基性のときに反応する。

　水の反応式は $2H_2O$ から書き始める。

　Au, Pt, C 以外の陽極は電子を奪われ溶解する。

□ **3** AgNO₃ 水溶液を炭素電極で電気分解した。次の問いに答えなさい。なお，ファラデー定数を 9.65×10^4 C/mol とする。

(1) 5.00 A の電流を 32 分 10 秒間流した。電気量は何 C ですか。
（　　　　　　）

(2) このとき流れた電子の物質量は何 mol ですか。（　　　　　　）

(3) 陽極と陰極のイオン反応式を書きなさい。

陽極（　　　　　　　　　　　　　　）

陰極（　　　　　　　　　　　　　　）

(4) 両極で生成する物質の化学式と物質量を答えなさい。

陽極（　　　　　，　　　　　　）　陰極（　　　　　，　　　　　）

✎ **3** 電子1個の電気量は 1.6×10^{-19} C で，$Q(C) = i(A) \times t(s)$

$x(mol) = \dfrac{Q (C)}{9.65 \times 10^{-4}}$

(3)陽極では水が反応し，陰極では Ag^+ が反応する。

□ **4** 下の文の①～④の中に適当な語句を記入しなさい。

　鉄は Fe₂O₃ などの鉄鉱石を，高炉内でコークス C から発生する（①　　　　　　　　）で還元して得ている。高炉からは（②　　　　　）鉄がとり出される。この鉄に含まれる炭素分を（③　　　　　）炉で減らしたものを（④　　　　　）という。

✎ **4** 鉄の製錬では，赤鉄鉱（Fe₂O₃）や磁鉄鉱（Fe₃O₄）が使用される。

　鉄は，
Fe₂O₃＋3CO
　　→ 2Fe＋3CO₂
の反応で得られ，炭素分が多いともろくなる。

□ **5** 粗銅板を陽極，純銅板を陰極として，電解液に硫酸銅（Ⅱ）CuSO₄ の硫酸酸性水溶液を用いた装置で電気分解を行ったところ，陽極の下に陽極泥が生じた。粗銅板中には不純物として亜鉛 Zn，金 Au，銀 Ag，鉄 Fe，ニッケル Ni が含まれているとすると，これらの金属のうち，電気分解後にイオンとして水溶液中に存在するものはどれか，元素記号で答えなさい。

（　　　　　　　　　　）

✎ **5** 銅の電解精錬では，銅よりもイオン化傾向の小さい金属は陽極泥として単体のまま沈殿する。

総まとめテスト ①

解答▶別冊P.25

1 次の問いに答えなさい。

(1) 原子のうち，1価の陽イオンになりやすい原子はどれか。次の**ア**〜**オ**から1つ選び，記号で書きなさい。

ア Be　**イ** F　**ウ** Li　**エ** Ne　**オ** O

(2) 下の**ア**〜**カ**は，原子あるいはイオンの電子配置の模式図である。ホウ素原子の電子配置の模式図として最も適当なものを選び，記号で書きなさい。

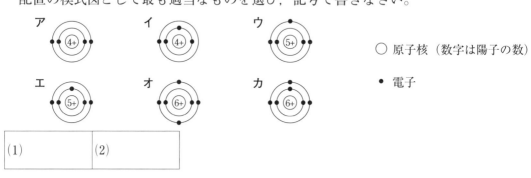

○ 原子核（数字は陽子の数）

・ 電子

(1)	(2)

2 右の図は，周期表の1〜18族・第1〜5周期までの概略を表したものである。これについて，次の問いに答えなさい。

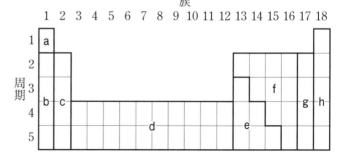

(1) 図中の太枠で囲んだ領域a〜hに関する記述として誤りを含むものを，次の**ア**〜**オ**から1つ選び，記号で書きなさい。

ア a，b，cは，すべて典型元素である。

イ dは，すべて遷移元素である。

ウ eは，すべて遷移元素である。

エ fは，すべて典型元素である。

オ gとhは，すべて典型元素である。

(2) 同一周期の元素の中で，①陽性が最も強い元素，②価電子数が最も多い元素　を含む領域はa〜hのどこか。それぞれ記号で答えなさい。

(1)	(2)①	②

3 次の問いに答えなさい。

(1) 1.013×10^5 Pa のもとでの水の状態変化に関する記述として誤りを含むものを，次のア〜オから1つ選び，記号で答えなさい。

ア ポリエチレン袋に少量の水を入れ，できるだけ空気を除いて密閉し，電子レンジで加熱し続けたところ袋がふくらんだ。

イ 氷水を入れたガラスコップを湿度が高くあたたかい部屋に置いておいたところ，コップの外側に水滴がついた。

ウ 氷を加熱し続けたところ，0℃で氷が融解しはじめ，すべての氷が水になるまで温度は一定に保たれた。

エ 水を加熱し続けたところ，100℃で沸騰しはじめた。

オ 水を冷却してすべてを氷にしたところ，その氷の体積はもとの水の体積よりも小さくなった。

(2) 身のまわりの電池に関する記述として下線部に誤りを含むものを，次のア〜エから1つ選び，記号で答えなさい。

ア アルカリマンガン乾電池は，正極に $\underline{MnO_2}$，負極に $\underline{Zn}$ を用いた電池であり，日常的に広く使用されている。

イ 鉛蓄電池は，$\underline{電解液に希硫酸}$ を用いた電池であり，自動車のバッテリーに使用されている。

ウ 酸化銀電池(銀電池)は，正極に $\underline{Ag_2O}$ を用いた電池であり，一定の電圧が長く持続するので，腕時計などに使用されている。

エ リチウムイオン電池は，負極に Li を含む黒鉛を用いた$\underline{一次電池}$であり，軽量であるため，ノート型パソコンや携帯電話などの電子機器に使用されている。

(1)		(2)	

4 放電時の両極における酸化還元反応が，次の式で表される燃料電池がある。

正極：$O_2 + 4H^+ + 4e^- \longrightarrow 2H_2O$

負極：$H_2 \longrightarrow 2H^+ + 2e^-$

この燃料電池の放電で，2.0 mol の電子が流れたときに生成する①水の質量と，②消費される水素の質量はそれぞれ何 g か求めなさい。ただし，H＝1.0，O＝16.0 とし，流れた電子はすべて水の生成に使われるものとする。

〔共通テスト一改〕

①	②

1 次の分離・精製法に関する記述で間違っているものをすべて選びなさい。

ア　ヨウ素と塩化カリウムの混合物から昇華法（しょうかほう）でヨウ素をとり出す。

イ　海水を再結晶させて，水をとり出す。

ウ　大豆中の油脂をヘキサンを用いて抽出する。

エ　液体空気をろ過して酸素をとり出す。

オ　インクの色素をクロマトグラフィーで分離する。

2 次の問いに答えなさい。

(1)　原子番号が X で質量数が Y の原子 X が 3 価の陽イオンになったとき，中性子数と電子数との差を，X と Y を用いて表しなさい。

(2)　ある原子 X とある原子 Z は中性子数が同じである。この 2 つの原子の陽子数の和は 2A である。X の質量数は Z より B 大きい。このことから，原子 X の陽子数を A と B を用いて表しなさい。

(1)	(2)

3 次の説明文に合う化学結合や結晶の名称と最も適する物質を語群から選びなさい。

(1)　分子どうしが弱い分子間力で結合した固体。

(2)　非共有電子対を陽イオンに与えてつくる結合。

(3)　多数の原子が共有結合でつながった結晶。

(4)　陽イオンと陰イオンの静電気力で結合した結晶。

(5)　不対電子を出し合ってつくる結合。

(6)　各原子が放出した自由電子によって結合している。

〔名称〕ア　共有結合　　　イ　共有結合の結晶　　ウ　金属結合　　エ　分子結晶
　　　　オ　イオン結晶　　カ　水素結合　　　　　キ　配位結合

〔物質〕a　黄銅　　　　　b　ドライアイス　　　c　オキソニウムイオン
　　　　d　塩化水素　　　e　せっこう　　　　　f　黒鉛

(1)		(2)		(3)		(4)		(5)		(6)	

4 濃度未知の希硫酸 100 mL を水で薄めて 500 mL とした。この水溶液 40 mL を 0.020 mol/L 水酸化ナトリウム水溶液で中和滴定したところ，誤って 55.0 mL を入れて塩基

性になってしまった。そこで，0.010 mol/L 希塩酸でさらに中和滴定したところ，14.0 mL の滴下で中和が完了した。もとの希硫酸のモル濃度を求めなさい。

```
┌─────────────────┐
│                 │
│                 │
│                 │
└─────────────────┘
```

5 次の問いに答えなさい。

(1) 次の物質ア〜オから，マンガン原子の酸化数が3番目に大きいものを選びなさい。

　　ア K_2MnO_4　　イ $KMnO_4$　　ウ $MnSO_4$　　エ MnO_2　　オ Mn_2O_3

(2) 次の文章の正誤を答えなさい。

　　① 亜鉛板を硫酸銅(Ⅱ)水溶液に入れると，銅(Ⅱ)イオンが還元されて，銅が析出する。

　　② 塩素を臭化カリウム水溶液に通すと臭化物イオンが還元されて臭素が遊離する。

　　③ 炭素棒を電極に硫酸ナトリウム水溶液を電気分解すると，陽極では水が酸化されて酸素が発生し，陽極付近の水溶液は塩基性になる。

(3) 0℃，$1.013×10^5$ Pa である体積の窒素の質量を測定すると 0.56 g であった。次に，同じ条件で同体積のある気体の質量を測定すると 0.88 g であった。この気体は次のどれか，記号で答えなさい。ただし，C＝12，H＝1.0，N＝14 とする。

　　ア CH_4　　イ C_2H_6　　ウ C_3H_6　　エ C_3H_8　　オ C_4H_{10}

(1)	(2) ①	②	③	(3)

6 反応槽Ⅰは 1 mol/L NaCl 水溶液に炭素電極を入れ，反応槽Ⅱは 0.1 mol/L 硫酸に亜鉛電極と銅電極を入れた。下図を見て，問いに答えなさい。

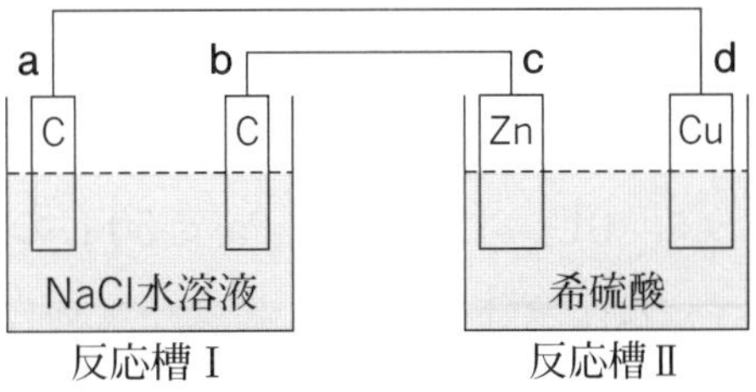

(1) 電池としてはたらくのは反応槽Ⅰ，Ⅱのどちらか，答えなさい。

(2) a〜d で起こる反応の反応式を書きなさい。

(3) 陽極は，a〜d のどれですか。

(4) 反応物が還元されるのは a〜d のどれですか。

反応槽Ⅰ　　反応槽Ⅱ

(5) H_2O_2 を加えると反応が安定するのは反応槽Ⅰ，Ⅱのどちらか，答えなさい。

(6) この回路に 0.20 mol の電子が流れたとすると，c の電極の質量は何 g 増減するか，Zn＝65 として答えなさい。

〔北海道大一改〕

(1)		(2) a		b
c			d	(3)
(4)	(5)		(6)	

解答▶別冊P.27

1 次の問いに，表の原子の記号**A**〜**G**で答えなさい。

原子	K殻	L殻	M殻	質量数
A	2	1	0	7
B	2	6	0	16
C	2	6	0	18
D	2	7	0	19
E	2	8	0	20
F	2	8	1	23
G	2	8	2	25

(1) 価電子数が最も少ないものはどれですか。

(2) 価電子数が最も多いものはどれですか。

(3) 1価の陰イオンになったとき，**E**と同じ電子配置になるものはどれですか。

(4) **B**と**F**からなるイオン化合物の組成式を書きなさい。

(5) 互いに同位体であるのはどれとどれですか。

(6) **F**の同族元素はどれですか。　　(7) 最も反応性が乏しいものはどれですか。

(8) 最も第一イオン化エネルギーが小さいものはどれですか。

(9) 最も電子親和力が大きいものはどれですか。

(1)	(2)	(3)	(4)	(5)	(6)	(7)	(8)	(9)

2 次の問いに答えなさい。(4)では，O＝16とする。

(1) 次の分子，イオンのうち総電子数が同じものはどれとどれですか。

　ア　SO_4^{2-}　　イ　NO_3^-　　ウ　NH_4^+　　エ　SO_3　　オ　PO_4^{3-}

(2) 次の原子のうち，常温・常圧で単体がすべて固体である組を選びなさい。

　ア　He, Br, Na　　イ　Al, Cl, C　　ウ　Si, P, S　　エ　C, B, Ne

(3) 次の分子を構成する原子が同一平面上にないものを2つ選びなさい。

　ア　NH_3　　イ　H_2O　　ウ　CO_2　　エ　C_2H_4　　オ　CH_4　　カ　N_2

(4) 金属Mの酸化物MO_2にはMが質量で60%含まれている。Mの原子量はいくらですか。

(5) 0℃，$1.013×10^5$ Paで50Lの酸素があり，無声放電させてオゾンを発生させたところ，全体積は46Lになっていた。何Lのオゾンができましたか。$3O_2 \longrightarrow 2O_3$

(1)	(2)	(3)	(4)	(5)

3 右図はダイヤモンドの単位格子を表している。●はこの立方体の面にある炭素原子，○はこの立方体の内部に完全に入っている炭素原子を表している。$N_A＝6.0×10^{23}$ /mol，C＝12

(1) ●の炭素原子は面心立方格子，体心立方格子のどちらの配列になっていますか。

(2) この単位格子に含まれる炭素原子は何個ですか。

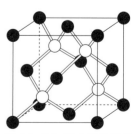

ダイヤモンドの単位格子

(3) この単位格子が何個あれば，含まれる炭素原子は 1 mol になりますか。

(4) 単位格子の体積が 4.6×10^{-23} cm^3 のとき，炭素原子 1 mol の体積は何 cm^3 ですか。

(5) ダイヤモンドの密度は何 g/cm^3 ですか。

〔埼玉大一改〕

(1)	(2)	(3)	(4)	(5)

4 次の問いに答えなさい。ただし，H=1.0，O=16.0，Na=23.0，S=32.0 とする。

(1) 以下の塩のうち，酸性塩でその溶液の性質が塩基性のものを選びなさい。

　ア　CuCl(OH)　　イ　NaHSO$_4$　　ウ　KHCO$_3$　　エ　NH$_4$Cl　　オ　Na$_2$S

(2) pH 11 のアンモニア水 100 mL を中和するために 0.10 mol/L 希硫酸が 50 mL 必要であった。このアンモニア水の電離度を求めなさい。

(3) 49% 希硫酸の密度は 1.40 g/cm^3 である。この希硫酸 60 mL を中和するために，純度 80% の水酸化ナトリウムは何 g 必要ですか。

(4) 酸性水溶液中で H$_2$O$_2$ と反応したとき，下線の原子の酸化数が減少するものはどれですか。

　ア　$\underline{Fe}$SO$_4$　　イ　$\underline{Sn}$Cl$_2$　　ウ　H$_2\underline{S}$　　エ　K$\underline{Mn}$O$_4$

(5) 次の A～C の反応式から，H$_2$O$_2$，H$_2$S，SO$_2$ を酸化力の強い順に答えなさい。

　A　H$_2$O$_2$＋SO$_2$ ⟶ H$_2$SO$_4$　　B　H$_2$S＋H$_2$O$_2$ ⟶ S＋2H$_2$O

　C　SO$_2$＋2H$_2$S ⟶ 3S＋2H$_2$O

(1)	(2)	(3)	(4)	(5)	>	>

5 濃度不明の Na$_2$CO$_3$ 水溶液 10 mL を 0.10 mol/L HCl 水溶液で中和滴定をした。次の問いに答えなさい。

(1) 炭酸ナトリウムは以下の二段階で HCl と反応する。①，②に適する化学式を書きなさい。

　Na$_2$CO$_3$＋HCl ⟶ （　①　）＋NaHCO$_3$

　NaHCO$_3$＋HCl ⟶ （　①　）＋（　②　）＋H$_2$O

(2) 指示薬としてフェノールフタレイン（PP）とメチルオレンジ（MO）を使用した。正しいものを選びなさい。

　ア　最初に両方とも入れる。

　イ　PP を先に入れ変色してから MO を入れる

　ウ　MO を先に入れ変色してから PP を入れる。

(3) Na$_2$CO$_3$ 水溶液のモル濃度を求めなさい。

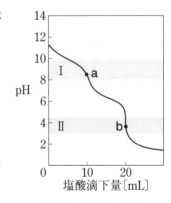

Na$_2$CO$_3$の塩酸による
中和滴定曲線の例

（Ⅰ，Ⅱは指示薬の変色域，a，bは中和点を示す）

〔大阪大一改〕

(1) ①	②	(2)	(3)

装丁デザイン　ブックデザイン研究所
本文デザイン　未来舎
　ＤＴＰ　スタジオ・ビーム
　図　版　ユニックス

本書に関する最新情報は，小社ホームページにある**本書の「サポート情報」**をご覧ください。（開設していない場合もございます。）
なお，この本の内容についての責任は小社にあり，内容に関するご質問は直接小社におよせください。

高校 トレーニングノートα 化学基礎

編著者　高校教育研究会
　　　　　　　　　　川村康文
発行者　岡　本　泰　治
印刷所　ユ　ニ　ッ　ク　ス

発 行 所　受験研究社

Ⓒ㈱増進堂・受験研究社

〒550-0013 大阪市西区新町 2 丁目19番15号
注文・不良品などについて：(06)6532-1581(代表)／本の内容について：(06)6532-1586(編集)

注意 本書を無断で複写・複製（電子化を含む）
　　して使用すると著作権法違反となります。

Printed in Japan　高廣製本
落丁・乱丁本はお取り替えします。

Training Note α
トレーニングノート

化学基礎

解答・解説

解 答・解 説

第1章 | 物質の構成

1 混合物と純物質 (p.2～p.3)

1 ①ろ過 ②蒸留 ③水 ④分留
⑤窒素 ⑥昇華法(しょうかほう)

解説 ②・③塩化ナトリウム水溶液のように液体に固体が溶けているとき，加熱により，沸騰して出てくる水蒸気を冷却すると，塩化ナトリウムを含まない純粋な水が得られる。このような操作を**蒸留**という。

④・⑤液体と液体の混合物は，沸点の違いを利用して，蒸留によってそれぞれの物質に分離できる。このような操作を**分留**という。液体空気を分留すると沸点の低い窒素が先に留出する。

⑥ヨウ素やナフタレンは**昇華**しやすい。昇華しにくい不純物を含んでいるヨウ素を加熱すると，ヨウ素だけが昇華するので，純粋なヨウ素を分離できる。

2 (純物質)イ，ウ，エ，オ，キ，コ
(混合物)ア，カ，ク，ケ，サ，シ

解説 ア．食塩水は塩化ナトリウムと水との混合物である。

エ．ドライアイスは二酸化炭素の固体で，純物質である。

カ．海水は Na^+，Cl^-，Mg^{2+} などのイオンと水の混合物である。

ク．空気は，窒素，酸素，アルゴン，二酸化炭素などの混合物である。

ケ．花崗岩(かこうがん)などの岩石はいずれも混合物である。

3 ①混合物 ②純物質 ③蒸留 ④分留
⑤ろ紙 ⑥ろ過 ⑦結晶 ⑧再結晶

解説 原油からガソリンや灯油などがとり出されるのは分留による。

4 (1) A．スタンド B．ガスバーナー
C．枝付きフラスコ D．温度計
E．リービッヒ冷却器
(2)フラスコの枝の位置 (3)イ
(4)突沸を防ぐため。 (5)イ

解説 (2)留出する蒸気の温度をはかるので，フラスコの枝の位置に温度計の球部がくるようにする。

(3) a→b の方向に水を流すと，リービッヒ冷却器の中に水がいっぱいにたまらないので，冷却の効率が悪くなる。

(4)液体を加熱するときは，突然の沸騰（突沸）を防ぐために少量の**沸騰石**を入れておく。

(5)枝付きフラスコの中に入れる液体の量は最大でも $\frac{1}{2}$ とする。液体の量が多いと，蒸気にならずに，液体のままで側管へ流れ出ることがある。

> **☑注意　温度計の位置**
> 蒸留のときの温度計は，沸騰している液体の温度ではなく，留出してくる成分の蒸気の温度をはかるためにあるので，枝付きフラスコの枝(側管)の位置に温度計の球部がくるように設置する。

2 元素・単体・化合物 (p.4～p.5)

1 ①H ②ヘリウム ③Li ④ベリリウム
⑤C ⑥ホウ素 ⑦N ⑧酸素 ⑨F
⑩ネオン ⑪Na ⑫マグネシウム ⑬Al
⑭ケイ素 ⑮P ⑯塩素 ⑰Ar
⑱カリウム ⑲Ca ⑳鉄 ㉑Cu ㉒亜鉛
㉓Br ㉔ヨウ素

解説 元素記号はただ覚えるしかない。正確に覚えよう。元素と単体は，どちらも同じ名称でよばれることが多く，混同されやすいが，元素は物質の構成成分で，単体は実際の物質を意味する。

2 (単体)カ，キ，ク，コ
(化合物)ア，イ，ウ，エ，オ，ケ

解説 水は純物質であるが，電気分解すると水素と酸素に分解できる。このように2種類以上の物質に分解することのできる純物質を**化合物**という。これに対して，水素や酸素はそれ以上分解することができない。このように2種類以上の物質に分解できない純物質を**単体**という。化学式を見れば化合物と単体の違いはすぐにわかる。NaClはNaとClからなる化合物である。

3 (1)単体 (2)元素 (3)単体 (4)元素
(5)単体

解説 (1)空気中に含まれている O_2 を示しているので単体を表す。

(2) 骨の主成分はカルシウムの化合物で，その成分を示しているので，元素を表す。

(3) H₂ を示しているので単体を表す。

(4) 鉄の化合物の成分を示しているので，元素を表す。

(5) Cl₂ を示しているので単体を表す。

> **ミスポイント　元素と単体**
> 元素は物質(化合物)を構成している成分の種類を示し，単体は具体的に存在する物質を示す。

4 ア，ウ，エ，カ

解説 同じ元素からできている性質の異なる単体を互いに**同素体**という。二酸化炭素と一酸化炭素は，ともに炭素と酸素からできているが単体ではないので，同素体ではない。

5 ① 元素　② 単体　③ 同素体　④ 化合物　⑤ 純物質　⑥ 混合物

解説

物質 ─┬─ 純物質 ─┬─ 単　体　例　H₂, N₂, O₂
　　　　│　　　　　└─ 化合物　例　NaCl, H₂O, CO₂
　　　　└─ 混合物

6 ウ，オ

解説 ア．水素の単体は H₂ である。
イ．成分元素は同じだが，別々の化合物である。
エ．ドライアイスは二酸化炭素が固体になったもので，水における水蒸気と氷と同じ関係である。
カ．純物質の物理的な性質は一定である。

③ 物質の三態と熱運動 *(p.6〜p.7)*

1 ①  ②

③ −273　④ 融　⑤ 沸

解説 ①・② 水の分子の個数は，温度が上がっても変わらないので注意して描く。

> ☑ **注意　状態変化と質量・体積**
> 物質が状態変化により，**固体・液体・気体**と姿を変えても，質量は変わらず，分子の個数も変わらない。固体から液体，液体から気体へと変わるに従い，一般的に体積は**大きくなり，分子は広く運動するようになる。**

2 (1)① セルシウス温度　② ℃　③ 絶対温度　④ K(ケルビン)　⑤ 273 K

(2)① 熱運動　② 絶対零度　③ 0　④ −273

(3)① 熱(熱エネルギー)　② 融解　③ 蒸発　④ 温度(②・③は順不同)

解説 (1)・(2)セルシウス温度の温度差1℃と，絶対温度の温度差1Kは**等しく**，絶対温度の最下限である**絶対零度**(0K)はセルシウス温度では−273℃である。セルシウス温度の0℃は273Kとなる。

(3)物質が熱を得て，状態が変化するとき，融点，沸点では，状態が変化することに熱が使われ，温度は一定に保たれる。

3 ① 熱運動　② 固　③ 0　④ 水　⑤ 液　⑥ 100　⑦ 蒸発　⑧ 水蒸気　⑨ 気

解説 物質は，分子どうしが引き合う分子間力と分子1つ1つが動こうとする熱運動の大小によって，固体・液体・気体と姿を変える。一般的に，熱運動が小さい固体ほど体積は小さくなるが，水では例外的に液体のときに体積が最も小さくなる。

4 (1)a. 融解　b. 凝固　c. 凝縮　d. 蒸発　e. 昇華　f. 凝華

(2)① a　② f　③ d　④ d　⑤ c　⑥ e　⑦ a

(3)(有無)ある
(ある場合)とても高圧な状態のとき。

解説 (3)二酸化炭素を液体にするには，次のような方法がある。二酸化炭素の固体(ドライアイス)を太くじょうぶな透明のビニルホースにとじ込め，両端を折り返してペンチではさむ。室温で実験を進めると，ドライアイスがとけ始め，ビニルホースの中の圧力が大きくなるため，ビニルホースの中に液体に変化したドライアイス(二酸化炭素の液体)が観察できる。このとき，ビニルホースの内部は，5〜6気圧程度になっている。

④ 原子の構造 *(p.8〜p.9)*

1 ① He　② 2　③ 2　④ 2　⑤ C　⑥ 6　⑦ 6　⑧ 6　⑨ 8　⑩ 16　⑪ 8　⑫ Cl　⑬ 17　⑭ 35　⑮ 17

解説 ①〜④陽子数＝電子数＝原子番号，陽子数＋中性子数＝質量数であるから，原子番号2より元素記号(He)，陽子数(2)，電子数(2)がわかり，質量数が4，陽子数2より中性子数(2)がわかる。

🔒**重要事項　原子番号と質量数**

陽子数＋中性子数＝質量数 ⟶ $^{12}_{6}C$

陽子数＝電子数＝原子番号 ⟶ $^{12}_{6}C$

2 ①Cl ②17 ③7 ④K(2), L(8), M(7)

👤**解説**　原子中の電子数は原子核中の陽子数と一致している。原子のもつ陽子数が原子番号である。したがって，電子数が17であるからこの原子の原子番号は17で，塩素である。一方，最外殻にある電子を**最外殻電子**という。最外殻電子の数が1～7個のとき，これを**価電子**という。一般に，価電子の数が1～3個と少ない原子は，価電子を放出して，1～3価の陽イオンになりやすい。価電子が6，7個と多い原子は，最外殻電子が8個になるように電子を1，2個受け入れて，1，2価の陰イオンになりやすい。

3 ①8 ②18 ③$2n^2$ ④**価電子** ⑤6

👤**解説**　酸素は原子番号が8である。したがって電子数も8で，K殻に2個，L殻に6個の電子が入っているため，価電子数は6である。

4 **イ，ウ**

👤**解説**　イ・ウ．原子番号が同じで質量数（または中性子数）が異なる原子を互いに**同位体**という。

エ．Cの原子番号は6であるから^{13}Cの中性子数＝質量数－陽子数＝13－6＝7である。Nの原子番号は7であるから，同様にして中性子数＝14－7＝7である。

5 (1)　　　(2)

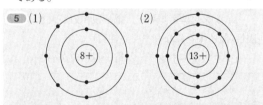

👤**解説**　原子番号＝陽子数＝電子数であるから$_8O$の陽子数，電子数は8である。電子は内側の電子殻から入る。K殻，L殻，M殻，……の殻にそれぞれ収容できる電子数はnを自然数として2，8，18，……，$2n^2$である。

6 (記号)**イ，エ**

(電子配置)$_6C$　　　$_{14}Si$

👤**解説**　$_6C$はK殻に2個，L殻に4個，$_{14}Si$はK殻に2個，L殻に8個，M殻に4個で，ともに価電子数は4。

⑤ 元素の性質と周期律　　(p.10〜p.11)

1 ①Li ②C ③N ④F ⑤Ne ⑥Mg
⑦Al ⑧P ⑨S ⑩K ⑪Ca ⑫Fe
⑬Cu ⑭Zn ⑮Ge ⑯Br

👤**解説**　原子番号1～20までの元素とアルカリ金属，アルカリ土類金属，ハロゲン，貴ガスの元素については，周期表での位置（周期，族）を覚えておこう。

2 (1)a. **ウ** b. **オ** c. **ア** f. **エ** g. **イ**
(2)e，f，g (3)f

👤**解説**　(3)**電子親和力**が大きいほど陰イオンになりやすい。価電子の数が多い原子は電子親和力が大きく，特に17族のハロゲンは陰イオンになりやすい。

🔒**重要事項　周期表と元素の性質**

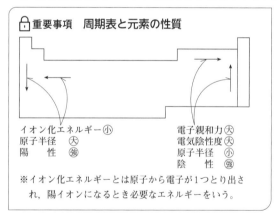

イオン化エネルギー ⦿
原子半径 ⦿
陽　性 ⦿

電子親和力 ⦿
電気陰性度 ⦿
原子半径 ⦿
陰　性 ⦿

※イオン化エネルギーとは原子から電子が1つとり出され，陽イオンになるとき必要なエネルギーをいう。

3 (1)7個 (2)14

👤**解説**　(1)貴ガスを除き，典型元素では族番号の1けたの数と価電子数は一致する。

4 ①原子番号 ②価電子 ③イオン化
④周期表 ⑤周期 ⑥族 ⑦同族元素
⑧アルカリ金属 ⑨アルカリ土類金属
⑩ハロゲン ⑪貴ガス

5 (1)**イ，エ** (2)**ア，ウ，カ** (3)**オ，キ**

👤**解説**　3～12族は遷移元素である。

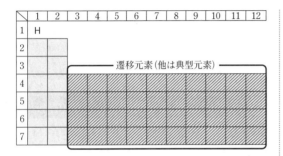

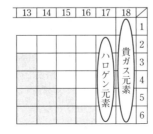

□ は金属元素,
他は非金属元素

6 (1)① Li ② B ③ C ④ N ⑤ F
⑥ Mg ⑦ Al ⑧ P ⑨ S ⑩ Cl
(2)6 (3)3個

🖊**解説** (1)原子番号 1 〜 20 までの元素の周期表の位置は覚えておくこと。
(3)13 族は典型元素である。13 族の元素の価電子数は 3 個である。

第2章 | **物質と化学結合**

⑥ イオン結合 (p.12〜p.13)

1 ① 陽 ② 陰 ③ 陽 ④ 陰 ⑤ ＋
⑥ － ⑦ 引き合う

🖊**解説** ナトリウム原子は電子を 1 つ放出して, **1 価の陽イオン**になる。また, 塩素原子は, ナトリウム原子の離した電子を受けとり, **1 価の陰イオン**になる。この陽イオン, 陰イオンの間にはたらく**静電気的な引力(クーロン力)**で, これらのイオンは引き合い, しっかりと結びついている。

2 (1) (名称)マグネシウムイオン (化学式)Mg^{2+}
(2) (名称)**塩化物イオン** (化学式)Cl^-
(3) (名称)**酸化物イオン** (化学式)O^{2-}
(4) (名称)**アルミニウムイオン** (化学式)Al^{3+}

🖊**解説** 一般に, 価電子の数が 1 〜 3 個と少ない原子は, 価電子を放出して, 1 〜 3 価の陽イオンになりやすい。逆に, 価電子が 6, 7 個と多い原子は, 最外殻電子の数が 8 個になるように電子を 1, 2 個受け入れて, 1, 2 価の陰イオンになりやすい。

---

3 (1)**カリウム**
(2)**塩素**
(3)**イオンの価数が大きく, イオンの大きさが小さいものどうし。**
(4)① 左側 ② 右側 ③ 左下

🖊**解説** イオン化エネルギーの小さな原子ほど, 電子を離しやすい(陽イオンになりやすい)。また, 電子親和力の大きな原子ほど, 電子との結びつきが強い(陰イオンになりやすい)。ちなみに, 1 族の原子について, イオン化エネルギーの大きい順に並べると, Li ＞ Na ＞ K となる。したがって, **カリウム**が最も陽イオンになりやすい。

4 (1)a. 典型元素 b. 金属元素
c. 非金属元素 d. 遷移元素 e. 陽性
f. 陰性 g. 価電子 h. 原子番号
(2)① 7 ② 1 ③ 1 ④ 18
(3)Ne (4)F (5)**イオン化エネルギーと電子親和力がともに大きな元素が陰性が強く, ともに小さい元素が陽性が強い。**(46 文字)

🖊**解説** 陰性が強い元素は, 次のようなことがいえる。
・イオン化エネルギーが大きい(電子を離しにくい)。
・電子親和力が大きい(電子を受けとりやすい)。

🔒**重要事項 陰性と陽性の違い**
陰性(陰イオンになりやすい性質)
…イオン化エネルギー, 電子親和力が大きい
陽性(陽イオンになりやすい性質)
…イオン化エネルギー, 電子親和力が小さい

⑦ **イオン結合からなる物質** (p.14〜p.15)

1 ① NH_4Cl ② 塩化アンモニウム
③ $CaCl_2$ ④ 塩化カルシウム ⑤ $AlCl_3$
⑥ 塩化アルミニウム ⑦ $(NH_4)_2SO_4$
⑧ 硫酸アンモニウム ⑨ $CaSO_4$
⑩ 硫酸カルシウム ⑪ $Al_2(SO_4)_3$
⑫ 硫酸アルミニウム ⑬ $(NH_4)_3PO_4$
⑭ リン酸アンモニウム ⑮ $Ca_3(PO_4)_2$
⑯ リン酸カルシウム ⑰ $AlPO_4$
⑱ リン酸アルミニウム

解説 イオン結合からなる物質の化学式は，組成式で表される。組成式のつくり方は，例えば，**n価**の陽イオン(A^{n+})と**m価**の陰イオン(B^{m-})からなる物質の場合は，$\underline{A_m}$ $\underline{B_n}$(陽イオン，陰イオンの順番)となる。

$$\underset{\text{Aのイオンの数}}{m} \times \underset{\text{Aの価数}}{(+n)} + \underset{\text{Bのイオンの数}}{n} \times \underset{\text{Bの価数}}{(-m)} = 0$$

陽イオン，陰イオンの電荷の合計が0になるようにイオンの個数をあわせる。

2 (1) (組成式)**KCl** (名称)**塩化カリウム**
(2) (組成式)**MgCO₃** (名称)**炭酸マグネシウム**
(3) (組成式)**Al(OH)₃** (名称)**水酸化アルミニウム**
(4) (組成式)**Fe₂(SO₄)₃** (名称)**硫酸鉄(Ⅲ)**

解説 (1)・(2)ともに同じ価数の陽イオンと陰イオンだからイオンの数は同じ。
(3)3価の陽イオンと1価の陰イオンだから，
$$\underset{Al^{3+}の数}{1} \times (+3) + \underset{OH^{-}の数}{3} \times (-1) = 0$$
(4)3価の陽イオンと2価の陰イオンより，(3)と同様に計算し，イオンの個数を求める。

3 (1) **MgCl₂** (2) **ZnS** (3) **Al₂(SO₄)₃**

解説 (1)塩化物イオンは1価の陰イオン，マグネシウムイオンは2価の陽イオン。
(2)硫化物イオン，亜鉛イオンはともに2価のイオン。
(3)硫酸イオンは2価の陰イオン，アルミニウムイオンは3価の陽イオン。

4 **ウ**

解説 イオン結合の特徴は，以下のものがある。
・水溶液では電離して電気を通す。
・融点や沸点の高いものが多い。
・周期表の左(金属元素)と右(非金属元素)の元素からなる。
・イオン結晶は硬くてもろい。など

5 **ア，ウ，エ，オ**

解説 イオン結晶は，イオン結合からなる物質である。例えば，NaCl(塩化ナトリウム)は，Na^+とCl^-が規則正しく交互に並んだもので，酸素 O_2 や水素 H_2 のように特定の分子をつくらない。
展性や延性は金属結晶(⇨本体 p.22 ～ p.23)の性質である。

6 (1)6個 (2)(Na^+)4個 (Cl^-)4個
(3)① 58.5 ② 5.6×10^{-8} ③ 4 ④ 2.2

解説 (1)中心のナトリウムイオン(○印)に接している塩化物イオン(●印)は，周囲の面の中心にそれぞれ位置している。

(2)単位格子中にあるナトリウムイオン(○印)は，中心に1個(単位格子中にまるまる1つ：1個)，辺の上に12個(単位格子中に4分の1が12個：$\frac{1}{4} \times 12$)。したがって格子中に含まれる個数は，
$$1 + \frac{1}{4} \times 12 = 4 \text{個}$$
塩化物イオンとナトリウムイオンは交互に等しくならんでいるから，塩化物イオンについても格子中に4個含まれていることになる。

☑ **注意 イオンの数**
単位格子の辺にあるイオンは，それぞれ4つの格子に含まれている。したがって1つの格子(単位格子)あたり，4分の1個が含まれていると考えよう。

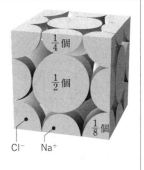

$\frac{1}{4}$個　$\frac{1}{2}$個　$\frac{1}{8}$個
Cl^-　Na^+

⑧ 分子と共有結合　*(p.16～p.17)*

1 ① 酸素 ② :Ö::Ö: ③ O＝O ④2価
⑤ 窒素 ⑥ :N⋮⋮N: ⑦ N≡N ⑧3価
⑨ 水 ⑩ H:Ö:H ⑪ H－O－H ⑫1価
⑬2価 ⑭ アンモニア ⑮ H:N̈:H
H
⑯ H－N̈－H ⑰3価 ⑱1価 ⑲ メタン
H
⑳ H:C:H ㉑ H－C̈－H ㉒4価 ㉓1価
㉔ 塩化水素 ㉕ H:C̈l: ㉖ H－Cl ㉗1価
㉘1価

解説 電子式においては，各原子の価電子数を考え，**非共有電子対**を忘れないようにする。共有結合では，電子対を共有することで同じ周期の貴ガスと同じ電子配置をつくる。

2 ① 価電子 ② 共有結合 ③ 共有電子対
④ 非共有電子対 ⑤ 配位結合

解説 原子が互いに，それぞれの価電子を共有してできる結合を**共有結合**といい，共有結合によって分子ができる。共有結合の一種だが，どちらか一方の非共有電子対(本来ならば，共有結合にかかわら

ない電子対)を利用して結びついている結合が**配位結合**である。

オキソニウムイオンでは，右図の $\begin{bmatrix} \text{H} : \ddot{\text{O}} : \text{H} \\ \text{H} \end{bmatrix}^+$ ように3本のH−Oの結合は全く同じで，どれが配位結合かは区別できない。

③ (1) $\text{H} : \ddot{\text{O}} : \text{H}$　(2) $\text{H} : \overset{\displaystyle H}{\underset{\displaystyle}{\text{N}}} : \text{H}$　(3) $: \ddot{\text{O}} : : \text{C} : : \ddot{\text{O}} :$

解説 共有結合によって，

① 水素原子は，合計2個の電子をもつ。

② 水素原子以外の原子は，共有電子対，また非共有電子対を合わせて8個の電子をもつ。

電子8個　　　共有電子対

非共有電子対 電子8個

④ (1) キ (2) オ (3) イ
(4) イ，エ (5) ウ，オ，カ

解説 各物質を電子式で表してみると次のようになる。

ア　$\text{H} : \overset{\displaystyle}{\underset{\displaystyle H}{\text{N}}} : \text{H}$　　イ　$\begin{bmatrix} \text{H} : \overset{\displaystyle H}{\underset{\displaystyle H}{\text{N}}} : \text{H} \end{bmatrix}^+$

ウ　$\text{H} : \ddot{\text{O}} : \text{H}$　　エ　$\text{H} : \overset{\displaystyle H}{\underset{\displaystyle H}{\text{C}}} : \text{H}$

オ　$: \text{N} : : \text{N} :$　　カ　$\text{H} : \overset{\displaystyle H}{\underset{\displaystyle H}{\text{C}}} : \ddot{\text{O}} : \text{H}$

キ　$: \ddot{\text{O}} : : \text{C} : : \ddot{\text{O}} :$

(4) メタンは，すべての電子が2つの原子によって共有されているため，非共有電子対をもたない。

(5) 水分子のように，共有結合にかかわらない非共有電子対(電子)が2対(4個)ある分子をさがす。

⑤ (1) F_2 (2) O_2 (3) NH_3 (4) HF

解説 (1)〜(4)価標を電子対になおし，価電子数から元素を判断する。

(1)の場合

 $-$ $\Rightarrow$

価電子数7
でFである

(原子番号6〜9の場合)

したがって，(1)は F_2 となる。

⑥ ① NH_3 ② 2 ③ 無 ④ $[Cu(NH_3)_4]^{2+}$
⑤ NH_3 ⑥ 4 ⑦ 正四面体 ⑧ CN^- ⑨ 6
⑩ 正八面体

解説 $[Fe(CN)_6]^{3-}$

金属イオン　配位子　配位数

錯イオンの立体構造は，配位数が2のときは直線形，4のときは正方形か正四面体，6のときは正八面体である。錯イオンの色は覚えるようにすること。

❾ 電気陰性度と分子の極性 (p.18〜p.19)

① ① 陰 ② 大きい ③ 共有 ④ 正 ⑤ 負
⑥ 無極性 ⑦ 極性

解説 原子は，周期が第1周期，第2周期…となるほど陽性が大きくなり，族が1族，2族…となるほど陰性が大きくなる。陰性が大きいほど，電気陰性度は大きくなる。分子においては，電気陰性度が異なると，電気陰性度が大きい原子のほうに共有電子対が引きつけられる。

② (1)① 同種 ② 均等に(等しく)
③ 違い(差) ④ 陰性 ⑤ Cl(塩素原子)
(2)電気陰性度は，陰性の強い元素(周期表の右上)ほど大きく，陽性の強い元素(周期表の左下)ほど小さい。
(3)オ，エ，ウ，イ，ア

解説 (3)アは無極性分子で極性はない。イ〜オが極性分子。

その極性の大きさは，成分原子の電気陰性度の値の差で決まる。差の大きな結合ほど極性が大きい。本文中の図の中の数値が電気陰性度の値である。

イ　塩素原子(3.2)−水素原子(2.2)=1.0
ウ　酸素原子(3.4)−水素原子(2.2)=1.2
エ　酸素原子(3.4)−マグネシウム原子(1.3)=2.1
オ　フッ素原子(4.0)−ナトリウム原子(0.9)=3.1

③ (1)右図
(2)酸素原子が負の電荷，水素原子が正の電荷を帯びている。
(3)(極性分子)イ，ウ，オ
(無極性分子)ア，エ

解説 (1)C−H間では，CとHで電気陰性度が異なるため電荷に偏りがある。しかし，分子が正四面体の場合は，4つのC−H間でその極性を互いに打ち消しあって，分子全体としては極性をもたなくなる。

(2) 電気陰性度は，酸素原子が水素原子よりも大きく O－H 結合としては極性をもつ。水分子の形が折れ線形のため，分子全体に極性が残る。電荷の偏りは，電気陰性度の大きな酸素原子のほうが負の電荷を帯びる。

(3) **多原子分子**(3個以上の原子からなる分子⇨本冊 p.20 参照)の極性については，各原子間の結合が，その電気陰性度の違いで極性をもったとしても，分子の形によっては極性が残らない。

〔極性の残らない分子の形〕
 ▶直線形……二酸化炭素など
 ▶正四面体……メタン，四塩化炭素など

4 (1) ① ある ② ない ③ 直線
 ④ 打ち消し合う ⑤ 折れ線
 ⑥ 打ち消し合わない
 (2) ⑦ 高 ⑧ 大き ⑨ 酸素 ⑩ 水素

解説 多原子分子については，**結合の極性**と分子の形を考える。分子の形が立体的に対称の場合は，分子全体としては極性をもたず，**無極性分子**となる。分子の形が立体的に非対称の場合は，分子全体として極性をもち，**極性分子**となる。無極性分子間にはたらく分子間力(ファンデルワールス力)は，分子量が大きいほど大きくなる。極性分子間では静電気的な引力も加わるため，分子量が同程度のとき，極性分子のほうが分子間力は大きくなる。

水素結合は，電気陰性度の大きい F，O，N と H が結合した分子が，H を介して形成される結合である。他の分子の H と静電気的な引力(極性引力)によって引き合い，分子間の引力は特に強い。水素結合を形成する分子の例として，H_2O，HF，NH_3 などがある。

⑩ 共有結合からなる物質　(p.20〜p.21)

1 ① 分子 ② 共有結合 ③ やわらか ④ 硬
 ⑤ 低 ⑥ 高 ⑦ なし ⑧ なし

解説 分子結晶は分子間ではたらくファンデルワールス力によって引きつけられ，共有結合の結晶やイオン結晶に比べ，引き合う力が弱く，融点は低い。共有結合を含む物質は分子結晶であっても共有結合の結晶であっても，一般に電気を通さない。しかし，黒鉛には自由に動くことができる電子があり，電気を通す性質がある。

2 (1) 分子 (2) 分子間力(ファンデルワールス力)
 (3) 分子結晶 (4) 低い

解説 固体の二酸化炭素 CO_2 はドライアイスとよばれる。CO_2 の分子間にはたらく力は**分子間力(ファンデルワールス力)**であり，このような結晶を分子結晶という。分子間力はきわめて弱いため，分子結晶の融点・沸点は低い。

3 ① 水 ② 高く ③ ファンデルワールス力
 ④ 水素結合

解説 分子からなる物質では，分子間に弱い力(**分子間力**)がはたらいている。分子構造が似ている物質では，分子の質量が大きいほど分子間力は強くなり，それにともなって沸点も高くなる。しかし，16族元素の水素化合物では，分子の質量が最も小さい H_2O の沸点が異常に高くなっている。これは，分子間に**水素結合**を形成するためである。水素結合は，H が電気陰性度の大きい F，O，N と結合している分子間にはたらく静電気的な引力に基づく結合で，分子間の引力は特に強い。

4 イ，ウ

解説 分子間の弱い結合による分子結晶と，多数の原子が次々と共有結合によって強く結びついた共有結合の結晶との違いに注意。

 ▶**分子結晶**(例：ドライアイス)
  ・やわらかく砕けやすい。
  ・融点の低いものが多い。
  ・固体や，融解液は電気を通さない。
  ・昇華しやすいものがある。
 ▶**共有結合の結晶**(例：ダイヤモンド，黒鉛)
  ・非常に硬く，融点は高い。
  ・水に溶けにくく，電気を通しにくい(黒鉛は電気を通す)。

5 ① 単原子 ② 二原子 ③ 多原子 ④ 高

解説 分子は1つの原子からなる**単原子分子**と複数の原子からなる分子があり，単原子分子には，ヘリウムやアルゴンなどの貴ガス元素がある。最外殻電子はヘリウムが2個，アルゴンが8個である。多原子分子の中でも，数千個以上の原子からなるデンプンやポリエチレンの分子などを**高分子**という。

6 ① 高分子化合物 ② 天然 ③ 合成繊維
 ④ 合成樹脂 ⑤ 合成 ⑥ 単量体
 ⑦ 重合体(ポリマー) ⑧ 重合
 ⑨ 付加重合 ⑩ 縮合重合

解説 単量体(モノマー)が共有結合を多数繰り返し，重合体(ポリマー)がつくられる。

多数の単量体が共有結合を繰り返し重合体をつくるときの反応を**重合**といい，単量体の二重結合が単結合になる結合が繰り返されて重合が起こる反応を**付加重合**，単量体どうしから水分子のような簡単な分子がとれていく結合が繰り返されて重合が起こる反応を**縮合重合**という。

⑪ 金属結合　　(p.22〜p.23)

1 ①Fe　②Al　③Cu

🧑‍🏫**解説** **鉄**は最も身近な金属の1つであり，建築物の骨格や日用品として使われている。また，磁性をもつため，磁石などに利用されている。**アルミニウム**は熱や電気の伝導性が大きい。アルミサッシなどの日用品のほか，ジュラルミンなどの合金にして航空機の機体などに用いられる。**銅**は赤色の金属光沢をもち，電気伝導性が大きい。銅線のほか，さびにくい性質を利用して美術工芸品や硬貨などに用いられる。

2 ①**イオン化**　②**価電子**　③**自由電子**
④**金属結合**　⑤**金属(陽)イオン**

🧑‍🏫**解説** 金属の原子は，イオン化エネルギーが小さく，価電子を放出しやすい。価電子は特定の原子にとどまらず金属全体を自由に移動でき，**自由電子**とよばれる。自由電子による金属の原子間の結合を**金属結合**という。

3 (1)**金属光沢**　(2)**電気伝導性**　(3)**熱伝導性**
(4)**延性**　(5)**展性**

🧑‍🏫**解説** 金属は，**自由電子**のはたらきにより，金属特有の性質をもつ。①**金属光沢**をもつ。②電気や熱をよく導く(**電気伝導性・熱伝導性**)。③たたくと薄く広がり(**展性**)，引っ張ると長く延びる(**延性**)。

4 (1)○　(2)×　(3)×

🧑‍🏫**解説** 金属が電気をよく導くのは，自由電子が移動するためである。

5 イ

🧑‍🏫**解説** 金属結合は原子相互の位置がずれても，すぐに自由電子が移動して金属の原子どうしを結びつけるため，金属結合は保たれる。

6 (1)○　(2)×　(3)○

🧑‍🏫**解説** (1)金属は，自由電子が入射した可視光のほとんどを反射するため，光沢をもつ。
(2)金属は展性・延性があるので加工しやすい。
(3)亜鉛，アルミニウムなどの金属は塩酸と反応し，陽イオンとなり水素を発生する。

7 ①**小さ**　②**強**　③**高**　④**典型**　⑤**遷移**

🧑‍🏫**解説** 金属結合は1原子あたりの自由電子の数が多いほど強い。1原子あたりの自由電子の数が同じ場合は，原子半径が小さいほど金属結合は強くなる。金属結合が強くなるほど，融点・沸点は高くなる。一般に，遷移元素の金属のほうが典型元素の金属よりも融点・沸点が高く，硬い。これは，遷移元素の金属は，価電子以外の電子の一部が自由電子としてはたらき，金属結合が強くなるためである。

⑫ 金属結合からなる物質　　(p.24〜p.25)

1 ①**体心立方格子**　②**面心立方格子**
③**六方最密構造**　④**単位格子**
⑤2　⑥4　⑦2　⑧8　⑨12　⑩12

🧑‍🏫**解説** 代表的な金属の**結晶格子**は，**体心立方格子**，**面心立方格子**，**六方最密構造**の3種類に大別される。**結晶格子**の最小となる単位を**単位格子**という。体心立方格子と面心立方格子では，単位格子の各頂点にある8個の原子は，それぞれ3つの切断面をもつので，実質的に単位格子の頂点で$\frac{1}{8}$個分含まれる。また，体心立方格子では，結晶格子の中心の原子はそのまま1個含まれ，面心立方格子では，結晶格子の各面の中心にある原子は，それぞれ1つの切断面をもつので，実質的には単位格子に$\frac{1}{2}×6=3$〔個〕含まれる。

▶体心立方格子：$\frac{1}{8}×8+1=2$〔個〕

▶面心立方格子：$\frac{1}{8}×8+\frac{1}{2}×6=4$〔個〕

▶六方最密構造：$\frac{1}{12}×4+\frac{1}{6}×4+1=2$〔個〕

2 ①$\frac{4\sqrt{3}}{3}r$　②$2\sqrt{2}r$

🧑‍🏫**解説** 体心立方格子では，図のように単位格子の対角線上に各原子が接する。面心立方格子では，単位格子の各面の対角線上で各原子が接している。体心立方格子では，三平方の定理より，
$$x^2+(\sqrt{2}x)^2=(4r)^2 \quad x=\frac{4\sqrt{3}}{3}r \text{ cm}$$
面心立方格子では，同じく三平方の定理より，
$$x^2+x^2=(4r)^2 \quad x=2\sqrt{2}r \text{ cm}$$

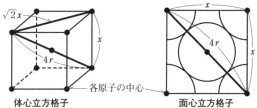

体心立方格子　　　　面心立方格子

3 2.2×10^{-22}

解説 単位格子の体積は，$(5.0 \times 10^{-8})^3 \, cm^3$

密度が $3.5 \, g/cm^3$ なので，

単位格子の質量〔g〕＝密度〔g/cm³〕×体積〔cm³〕

また，単位格子の中に含まれる原子は 2 個であるから，

$$原子 1 個の質量 = \frac{単位格子の質量}{単位格子中の原子数}$$
$$= \frac{3.5 \times (5.0 \times 10^{-8})^3}{2} \fallingdotseq 2.2 \times 10^{-22} \, g$$

4 1.7×10^{-22}

解説 単位格子の体積は，$(4.1 \times 10^{-8})^3 \, cm^3$

密度が $10 \, g/cm^3$ なので，

単位格子の質量〔g〕＝密度〔g/cm³〕×体積〔cm³〕

また，単位格子の中に含まれる原子は 4 個であるから，

$$原子 1 個の質量 = \frac{単位格子の質量}{単位格子中の原子数}$$
$$= \frac{10 \times (4.1 \times 10^{-8})^3}{4} \fallingdotseq 1.7 \times 10^{-22} \, g$$

5 ① 体心立方格子　② 面心立方格子
③ 8　④ 12　⑤ 面心立方格子（図 2）

解説 図 1，図 2 はそれぞれ体心立方格子，面心立方格子である。1 個の原子に隣接する原子の数は次の図で●印の周囲の原子の数を考える。体心立方格子は 8 個，面心立方格子は単位格子を 2 個横に並べてみると，横に 4 個，上に 4 個，下に 4 個と隣接していることがわかる。

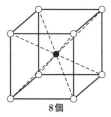
8個

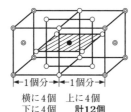
横に4個　上に4個
下に4個　**計12個**

また，単位格子中の原子の占める体積の割合である充填率〔％〕は，体心立方格子，面心立方格子で下図のように求めることができ，それぞれ 68％，74％ となる。

体心立方格子

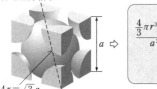

$4r = \sqrt{3} a$

$$\frac{\frac{4}{3}\pi r^3 \times 2}{a^3} = \frac{\frac{4}{3}\pi \left(\frac{\sqrt{3}}{4}a\right)^3 \times 2}{a^3}$$
$$= \frac{\sqrt{3}}{8}\pi \Rightarrow 68\%$$

面心立方格子

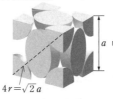

$4r = \sqrt{2} a$

$$\frac{\frac{4}{3}\pi r^3 \times 4}{a^3} = \frac{\frac{4}{3}\pi \left(\frac{\sqrt{2}}{4}a\right)^3 \times 4}{a^3}$$
$$= \frac{\sqrt{2}}{6}\pi \Rightarrow 74\%$$

⑬ 化学結合と物質の分類 （p.26〜p.27）

1 ① 金属元素　② 非金属元素
③ 陽　④ 陰
⑤ 金属　⑥ イオン
⑦ 分子間力　⑧ 共有
⑨ b　⑩ d　⑪ a　⑫ c

解説 これまでに学習した物質について，周期表と結びつけて知識の整理をしておこう。本問では，元素を周期表と結び付けて，物質を構成する元素の性質から，物質の性質をみることを目的としている。

2 (1) 分子結晶　(2) イオン結晶
(3) 共有結合の結晶　(4) 金属結晶
(5) 分子結晶　(6) 共有結合の結晶
(7) 金属結晶　(8) 分子結晶
(9) イオン結晶　(10) 金属結晶

解説 金属結晶は，すべて金属元素で構成されている。スズ，亜鉛，水銀は金属元素である。水銀は，融点が −39℃ と低く，常温で液体であるが，金属元素であることに注意する。

イオン結晶は金属元素と非金属元素で構成されている。一般に融点は高い。

分子結晶は非金属元素のみで構成されている。弱い分子間力で結びついているため融点が低い。

共有結合の結晶は分子結晶と同じく非金属元素のみで構成されているが，分子結晶と異なり硬く，融点が高い。ダイヤモンドや水晶などがあてはまる。水晶は二酸化ケイ素でできている物質である。ケイ素はシリコンともよび，半導体などに用いられる。

3 ① ダイヤモンド　② タングステン　③ 鉄
④ 塩化ナトリウム　⑤ ヨウ素　⑥ 水
a. 分子結晶　b. 金属結晶　c. イオン結晶
d. 共有結合の結晶

解説 それぞれの物質の融点は，ダイヤモンドが約 4700℃（1.2×10^{10} Pa），タングステンが 3410℃，鉄が 1535℃，塩化ナトリウムが 801℃，ヨウ素が 114℃，水が 0℃ である。このうち鉄と塩化ナトリウムの融点は覚えておくと便利である。

白熱電球のフィラメントには高温に耐えるタングステンが使われている，など日常生活の知識と結びつけて解答することも大切である。

第3章 | 物質の変化

⑭ 原子量・分子量・式量 (p.28〜p.29)

❶ ① 2 ② 32 ③ 2 ④ 32 ⑤ 98 ⑥ 40
　　⑦ 16 ⑧ 60 ⑨ 3 ⑩ 85

解説 分子量は分子式中の構成原子の**原子量の総和**で求められる。式量はイオンを表す化学式や組成式中の構成原子の原子量の総和で求められる。

❷ (1) 16 (2) 44 (3) 17 (4) 180

解説 (1) $12+1 \times 4=16$
(2) $12+16 \times 2=44$
(3) $14+1 \times 3=17$
(4) $12 \times 6+1 \times 12+16 \times 6=180$

❸ (1) 27 (2) 102 (3) 58 (4) 250

解説 (1) Al^{3+} は Al 原子から電子を3個失っているが，電子は陽子や中性子に比べて質量が軽く無視できるので，Al^{3+} の式量と Al の原子量は一致すると考える。
(2) $27 \times 2+16 \times 3=102$
(3) $24+(16+1) \times 2=58$
(4) $64+32+16 \times 4+(1 \times 2+16) \times 5=250$

❹ ① 75.8 ② 24.2 ③ 35.5

解説 塩素の同位体の相対質量と存在比から平均相対質量を求めると，原子量になる。
　原子量＝(^{35}Cl の相対質量×^{35}Cl の存在比)
　　　　　＋(^{37}Cl の相対質量×^{37}Cl の存在比)
　　　　＝$35.0 \times \dfrac{75.8}{100}+37.0 \times \dfrac{24.2}{100}$
　　　　≒35.5

❺ ① $100-x$ ② x ③ 10.8 ④ 80

解説 ^{11}B が x〔個〕含まれているとすると，
　$10 \times \dfrac{100-x}{100}+11 \times \dfrac{x}{100}=10.8$
　　$x=80$

❻ 27

解説 原子量＝$12 \times \dfrac{\text{Al 1 個の質量}}{^{12}\text{C 1 個の質量}}$
　　　　　＝$12 \times \dfrac{4.5 \times 10^{-23}}{2.0 \times 10^{-23}}=27$

❼ (1) 32(2倍になる。) (2) 88(2倍になる。)
(3) 変わらない。

解説 原子量も分子量も ^{12}C＝12 の基準に対する相対質量であるから，^{12}C＝24 と変更すると，すべての原子量は ^{12}C＝12 のときの2倍になる。しかし，密度（1 cm^3 あたりの質量）は変化しない。また，原子1個の質量も変化しない。

⑮ 物質量 (p.30〜p.31)

❶ ① 23 ② 44 ③ 96 ④ 58.5 ⑤ 23
　　⑥ 44 ⑦ 96 ⑧ 58.5 ⑨ 0.043 ⑩ 0.023
　　⑪ 0.010 ⑫ 0.017 ⑬ 2.6×10^{22} ⑭ 4.1×10^{22}
　　⑮ 3.1×10^{22} ⑯ 2.1×10^{22}

解説 ① $Na=23$ ② $12+16 \times 2=44$
③ $32+16 \times 4=96$ ④ $23+35.5=58.5$
⑤〜⑧ モル質量は原子量・分子量・式量に単位 g/mol をつけたものとほぼ一致する。
⑨ $1 \text{ mol} \longrightarrow 23 \text{ g}$ 　$x=\dfrac{1}{23}≒0.043 \text{ mol}$
　 $x\text{〔mol〕} \longleftarrow 1 \text{ g}$
⑩ $1 \text{ mol} \longrightarrow 44 \text{ g}$ 　$x=\dfrac{1}{44}≒0.023 \text{ mol}$
　 $x\text{〔mol〕} \longleftarrow 1 \text{ g}$
⑪ $1 \text{ mol} \longrightarrow 96 \text{ g}$ 　$x=\dfrac{1}{96}≒0.010 \text{ mol}$
　 $x\text{〔mol〕} \longleftarrow 1 \text{ g}$
⑫ $1 \text{ mol} \longrightarrow 58.5 \text{ g}$ 　$x=\dfrac{1}{58.5}≒0.017 \text{ mol}$
　 $x\text{〔mol〕} \longleftarrow 1 \text{ g}$
⑬ $1 \text{ mol}(23 \text{ g}) \longrightarrow 6.02 \times 10^{23}$ 個
　 $1 \text{ g} \longrightarrow x$〔個〕
　 $x=\dfrac{1}{23} \times 6.02 \times 10^{23}≒2.6 \times 10^{22}$〔個〕
⑭ CO_2 は C 原子1個と O 原子2個からできている。
　 $44 \text{ g} \longrightarrow (1+2) \times 6.02 \times 10^{23}$〔個〕
　 $1 \text{ g} \longrightarrow x$〔個〕
　 $x=\dfrac{1}{44} \times 3 \times 6.02 \times 10^{23}≒4.1 \times 10^{22}$〔個〕
⑮ $\dfrac{1}{96} \times (1+4) \times 6.02 \times 10^{23}≒3.1 \times 10^{22}$〔個〕
⑯ $\dfrac{1}{58.5} \times (1+1) \times 6.02 \times 10^{23}≒2.1 \times 10^{22}$〔個〕

❷ (1) 4 g (2) 1.2×10^{24} 個 (3) 2.4×10^{24} 個
(4) 44.8 L

解説 (1) H_2 の分子量は2，1 mol の質量は2 gより，2 mol の質量は4 gである。
(2) 1 mol 中に分子は 6.0×10^{23} 個存在する。
(3) H_2 分子は H 原子2個からできている。
(4) どんな気体でも 0℃，1.013×10^5 Pa で 1 mol の占める体積は 22.4 L である。

③ (1) **0.50 mol** (2) **0.25 mol** (3) **0.25 mol**
(4) **$6.02×10^{23}$ 個** (5) **3.4 g**

[解説] (1) 分子 1 mol あたりの分子数は，
$6.02×10^{23}$ 個であるから，
$$\frac{3.0×10^{23}}{6.02×10^{23}}≒0.50 \text{ mol}$$

(2) $H_2O=18$　18 g が H_2O 1 mol の質量だから，
$$\frac{4.5}{18}=0.25 \text{ mol}$$

(3) 0℃，$1.013×10^5$ Pa で気体 1 mol の占める体積は
22.4 L であるから，
$$\frac{5.6}{22.4}=0.25 \text{ mol}$$

(4) 分子 1 mol あたりの分子数は $6.02×10^{23}$ 個で，
メタン CH_4 1 分子中に C 原子 1 個，H 原子 4 個が
含まれているから，
$$0.20×6.02×10^{23}×5=6.02×10^{23} \text{〔個〕}$$

(5) $NH_3=17$　17 g が NH_3 1 mol の質量だから，
$$0.20×17=3.4 \text{ g}$$

🔒 重要事項　物質量〔mol〕

$$物質量〔mol〕=\frac{質量〔g〕}{モル質量〔g/mol〕}$$
$$=\frac{分子数}{アボガドロ定数〔/mol〕}$$
$$=\frac{気体の体積〔L〕}{22.4〔L/mol〕}$$

---

④ (1) **64.1** (2) **エ**

[解説] (1) 0℃，$1.013×10^5$ Pa で 22.4 L の質量がモ
ル質量である。1 mol の質量は，分子量に単位 g を
つけた値にほぼ一致する。

$$\left. \begin{array}{l} 1.00 \text{ L} \longrightarrow 2.86 \text{ g} \\ 22.4 \text{ L} \longrightarrow x \end{array} \right\} x=2.86×22.4≒64.1$$

(2) ア〜カの分子量は，$CO_2=44$，$C_2H_2=26$，
$H_2S=34$，$SO_2=64$，$Cl_2=71$，$CH_4=16$

⚙ ミスポイント　原子量・分子量・式量

　原子量・分子量・式量は $^{12}C=12$ とした相対質
量であるから，いずれも**単位なし**である。そのた
め，g はつけない。

---

⑤ **65 %**

[解説] 0℃，$1.013×10^5$ Pa で，N_2 が a〔L〕，CO_2
が b〔L〕の混合気体とする。

$N_2=28$ より，N_2 の質量は，$\frac{a}{22.4}×28$ g

$CO_2=44$ より，CO_2 の質量は，$\frac{b}{22.4}×44$ g

密度〔g/L〕$=\frac{質量〔g〕}{体積〔L〕}$ であるから，

この混合気体の密度は，$\dfrac{\frac{a}{22.4}×28+\frac{b}{22.4}×44}{a+b}$ g/L

である。一方，0℃，$1.013×10^5$ Pa で O_2 の密度は，
$O_2=32$ より，$32÷22.4$ g/L

$$\frac{\frac{a}{22.4}×28+\frac{b}{22.4}×44}{a+b}=\frac{32}{22.4}×1.2$$

より，$b≒1.86 a$

$$\frac{b}{a+b}×100=\frac{1.86 a}{a+1.86 a}×100≒65$$

---

⑯ 溶液の濃度 (p.32〜p.33)

① ① **ビーカー**　② **メスフラスコ**
③ **駒込ピペット**　④ **58.5**　⑤ **0.100**
⑥ **0.100**　⑦ **1.00**

[解説] 溶液 1 L あたりに含まれている溶質の量を
物質量で表した濃度が**モル濃度**である。したがって，
1 mol/L の溶液をつくるには，溶質 1 mol を水に溶
かして 1 L にすればよい。

---

② **20 %**

[解説] 質量パーセント濃度は，
$$質量パーセント濃度=\frac{溶質の質量〔g〕}{溶液の質量〔g〕}×100$$
$$=\frac{溶質}{溶媒+溶質}×100=\frac{25}{100+25}×100$$

---

③ **10 g**

[解説] $\frac{20}{100}×50=10$ g

別解 水酸化ナトリウムが x〔g〕含まれているとす
ると，$20=\frac{x}{50}×100$　$x=10$ g

---

④ **ウ**

[解説] 0.100 mol/L の水溶液をつくるには，溶質
0.100 mol を水に溶かして 1.00 L にすればよい。

$NaOH=40$ より，$NaOH$ 0.40 g は，$\frac{0.40}{40}=0.010$ mol

0.010 mol を水に溶かして 100 mL とすると，0.10 mol
を水に溶かして 1.0 L にしたものと同じ濃度になる。

⚙ ミスポイント　モル濃度〔mol/L〕

　c〔mol/L〕の水溶液をつくるためには，溶質 c
〔mol〕を水に溶かし，溶液全体の体積が 1 L にな
るようにする。

---

⑤ (1) **0.20 mol/L** (2) **1.3 mol/L**
(3) **0.10 mol**

解説 (1) $NaOH=40$, $NaOH$ 4.0 g の物質量は,
$$\frac{4.0}{40}=0.10 \text{ mol}$$

モル濃度〔mol/L〕＝$\frac{\text{溶質の物質量〔mol〕}}{\text{溶液の体積〔L〕}}$

$$=\frac{0.10}{\frac{500}{1000}}=0.20 \text{ mol/L}$$

(2) NH_3 5.6 L (0℃, $1.013×10^5$ Pa) の物質量は,
$$\frac{5.6}{22.4}=0.25 \text{ mol}$$

$$\frac{0.25}{\frac{200}{1000}}≒1.3 \text{ mol/L}$$

(3) 2.0 mol/L では, 1000 mL 中に 2.0 mol 溶けているから,
$$1000：2.0＝50：x \quad x＝0.10 \text{ mol}$$

🔒重要事項　モル濃度

c〔mol/L〕, v〔mL〕中の溶質の物質量は,

$c×\frac{v}{1000}$〔mol〕で求められる。

6 18 mol/L

解説 濃硫酸1Lの質量は, $1000×1.8=1800$〔g〕

濃硫酸1L中のH_2SO_4の質量は, $1800×0.98$〔g〕

この物質量は, $\frac{1800×0.98}{98}=18$

🔒重要事項　質量パーセント濃度とモル濃度

ある物質の質量パーセント濃度がa〔%〕, 密度がd〔g/cm³〕, 分子量Mのとき, モル濃度は,

モル濃度〔mol/L〕＝$\dfrac{1000×d×\frac{a}{100}}{M}$

で求められる。

7 10 mL

解説 18 mol/Lの硫酸をx〔mL〕とったとすると, 溶質の物質量は希釈の前後で変化しないので,

希釈前の物質量＝18 mol/L×$\frac{x}{1000}$ L

希釈後の物質量＝0.36 mol/L×$\frac{500}{1000}$ L

$$18x＝0.36×500 \quad x＝10 \text{ mL}$$

⑰ 化学反応式と量的関係　(p.34〜p.35)

1 ①1 ②3 ③2 ④2×17 ⑤3×22.4 ⑥2×22.4

解説 化学反応式の係数の比＝各物質の分子数の比＝各物質の物質量の比＝各物質の体積の比（気体のときのみ）

2 ①2 ②3 ③1 ④3 ⑤1 ⑥5 ⑦3 ⑧4 ⑨3 ⑩8 ⑪3 ⑫2 ⑬4 ⑭3 ⑮2 ⑯3 ⑰2

解説 化学反応式では, 左辺と右辺の**原子の種類, 数は等しい。**

(2) C_3H_8の係数を1とするとCO_2の係数は3, H_2Oの係数は4となり, 右辺のOの数は,
$$3×2+4×1=10$$
したがって, 左辺のO_2の係数は5となる。

(3) 簡単な化学反応式の係数は目算法で求めることができるが, 複雑なものは**未定係数法**で求めればよい。
$$a\text{Cu}＋b\text{HNO}_3 \longrightarrow c\text{Cu(NO}_3)_2＋d\text{NO}＋e\text{H}_2\text{O}$$
とおき, 左辺と右辺の原子の数を同じにする。

Cuについて, $a＝c$

Hについて, $b＝2e$

Nについて, $b＝2c+d$

Oについて, $3b＝6c+d+e$

$a＝1$とおき, 以上5つの関係式から連立方程式を解く要領で$a〜e$を求めると,

$a＝1$, $b＝\frac{8}{3}$, $c＝1$, $d＝\frac{2}{3}$, $e＝\frac{4}{3}$となる。係数は整数比であるから, 全体を3倍すると, $a＝3$, $b＝8$, $c＝3$, $d＝2$, $e＝4$となる。

(4) $a\text{Cu}^{2+}＋b\text{Al} \longrightarrow a\text{Cu}＋b\text{Al}^{3+}$として, 左辺と右辺の電荷の総和を同じにすると,

$2a＝3b$ より, $a＝3$, $b＝2$ となる。

3 (O₂)0.70 mol　(CO₂)8.96 L

解説 エタンの燃焼の化学反応式をつくる。

$$C_2H_6＋O_2 \longrightarrow CO_2＋H_2O$$
$\quad$ ↓C原子の数を等しくする
$$C_2H_6＋O_2 \longrightarrow 2CO_2＋H_2O$$
$\quad$ ↓H原子の数を等しくする
$$C_2H_6＋O_2 \longrightarrow 2CO_2＋3H_2O$$
$\quad$ ↓O原子の数を等しくする
$$C_2H_6＋\frac{7}{2}O_2 \longrightarrow 2CO_2＋3H_2O$$

$C_2H_6＝30$ より,

エタン 6.0 gの物質量＝$\frac{6.0}{30}=0.20$ mol

したがって, 酸素の物質量は,
$$0.20×\frac{7}{2}＝0.70 \text{ mol}$$
生成した二酸化炭素の物質量は,
$$0.20×2＝0.40 \text{ mol}$$
0℃, $1.013×10^5$ Paで, 気体1 molは22.4 Lの体積を占めるので, 0.40 molの体積は,
$$0.40×22.4＝8.96 \text{ L}$$

🔒**重要事項　化学反応式の係数**

係数の比〈
　物質量(mol)の比
　同温・同圧の体積比(気体)

---

④ (1) $2NO + O_2 \longrightarrow 2NO_2$

(2) $4Al + 3O_2 \longrightarrow 2Al_2O_3$

(3) $Zn + 2HCl \longrightarrow ZnCl_2 + H_2$

(4) $CaCO_3 + 2HCl \longrightarrow CaCl_2 + H_2O + CO_2$

(5) $C_2H_5OH + 3O_2 \longrightarrow 2CO_2 + 3H_2O$

👤**解説**　反応物を左辺に，生成物を右辺に化学式で書き $\longrightarrow$ で結ぶ。次に，両辺の各元素の原子数が同じになるように，化学式に係数をつける。係数の比は最も簡単な**整数比**とする。

🎯**ミスポイント　アルコールの燃焼**

エタノール(C_2H_5OH)の燃焼の化学反応式で，O_2 の係数を決めるとき，C_2H_5OH に含まれている O を忘れないこと。

---

⑤ (生成量)**16 g**　(体積)**5.6 L**

👤**解説**　$S + O_2 \longrightarrow SO_2$

係数より S 1 mol から SO_2 1 mol が生成する。

$S = 32$ より，8 g の S の物質量 $= \dfrac{8}{32} = 0.25$〔mol〕

S 0.25 mol より，SO_2 は 0.25 mol 生成する。

$SO_2 = 64$ より，$0.25 \times 64 = 16$〔g〕

　　　$0.25 \times 22.4 = 5.6$〔L〕

---

⑥ 3.4×10^2 **mL**

👤**解説**　3.0 ％の過酸化水素水 34 g 中の H_2O_2 の質量は，$34 \times 0.030 = 1.02$〔g〕

　$H_2O_2 = 34$ より，

1.02 g の H_2O_2 の物質量 $= \dfrac{1.02}{34} = 0.030$ mol

　$2H_2O_2 \longrightarrow 2H_2O + O_2$

係数より H_2O_2 2 mol から O_2 は 1 mol 発生する。

したがって，H_2O_2 0.030 mol から生成する O_2 は，

$0.030 \times \dfrac{1}{2} = 0.015$ mol

$0.015 \times 22.4 \times 10^3 = 336 \fallingdotseq 3.4 \times 10^2$ mL

---

⑦ (1) (気体名)**酸素**　(質量)**4.80 g**

(2) (CO_2)**10.1 L**　(H_2O)**10.8 g**

👤**解説**　(1)混合気体中の C_3H_8(=44)，O_2 の物質量は，

C_3H_8 の物質量 $= \dfrac{6.60}{44} = 0.150$ mol

O_2 の物質量 $= \dfrac{20.16}{22.4} = 0.900$ mol

混合気体中の C_3H_8 と O_2 の物質量の比は，

　$0.150 : 0.900 = 1 : 6$

　$C_3H_8 + 5O_2 \longrightarrow 3CO_2 + 4H_2O$

係数より，反応する C_3H_8 と O_2 の物質量の比は $1 : 5$ である。

したがって，酸素の量が多くプロパンは全量反応し，酸素は未反応として残る。

C_3H_8 0.150 mol と反応する O_2 の物質量は，

　$0.150 \times 5 = 0.750$ mol

したがって，$0.900 - 0.750 = 0.150$ mol の O_2 が残る。

$O_2 = 32$ より，$0.150 \times 32 = 4.80$ g

(2) 化学反応式の係数より，C_3H_8 1 mol から CO_2 は 3 mol，H_2O は 4 mol 生成する。したがって，0.150 mol の C_3H_8 から生成する CO_2，H_2O の物質量は，

　$CO_2 : 0.150 \times 3 = 0.450$ mol

その体積は標準状態で，

　$0.450 \times 22.4 = 10.08$ L

　$H_2O : 0.150 \times 4 = 0.600$ mol

その質量は，$H_2O = 18$

　$0.600 \times 18 = 10.8$ g

---

⑱ 化学の基本法則　(p.36〜p.37)

❶ ① 30　② 46　③ 1.143　④ 2.286　⑤ 2

⑥ 1　⑦ 0.5　⑧ 1　⑨ 1　⑩ 2　⑪ 1　⑫ 2

⑬ 2　⑭ **倍数比例の法則**　⑮ **気体反応の法則**

👤**解説**　窒素(原子量 14)と酸素(原子量 16)の比が，一酸化窒素を構成する窒素と酸素の質量の割合(約 46.67 ％，約 53.33 ％)になっている。

▶一酸化窒素 NO

　　　N : O = 1 : $\boxed{1.143}$

▶二酸化窒素 NO_2

　　　N : O = 1 : $\boxed{2.286}$　　1 : 2 の関係

　このように，酸素の質量比は 1 : 2 の関係になっており，これは倍数比例の法則を裏づけている。

❷ (1) A. ○

B. **質量保存の法則**

C. **気体反応の法則**

D. **定比例の法則**

(2) (原子説)**質量保存の法則，定比例の法則，倍数比例の法則**

(分子説)**気体反応の法則**

👤**解説**　質量保存の法則，定比例の法則，倍数比例の法則は原子説によって，そのなりたつ理由が明らかになった。

3 (1)① 定比例 ② 原子 ③ 倍数比例
④ 気体反応 ⑤ 分子
(2)「物質はそれ以上分割できない固有の最小粒子(原子)からできている」という原子説に対し,分子説は「気体はいくつかの原子が結合した粒子(分子)からできている」とした。
(3) 2体積の酸素の中には,1体積の窒素の2倍の原子が入っている。原子説では,酸素原子と窒素原子が過不足なく結合し,2体積の二酸化窒素を発生するには,酸素原子1個に対して0.5個(半分)の窒素原子が結びつかねばならない。これは,原子が最小単位とした「原子説」に矛盾する。

解説 (3) 以下の化学反応式における体積比と粒子数の比は次のようになる。

	N_2	$+ 2O_2 \rightarrow$	$2NO_2$
体積比	1	2	2
粒子数比	1	2	2

アボガドロの法則「すべての気体は,同温・同圧の下では,同じ体積中には同じ数の粒子が含まれている」では,酸素の粒子数(原子)は窒素の粒子数(原子)の2倍含まれていることになる。

すべての物質が原子からできているとすると,「酸素原子1個」に「窒素原子の半分」が結合しなければならず,分割できないとした原子説に矛盾した結果となる(図1)。この矛盾を解消するために,アボガドロは原子がいくつか結合した分子という考え(分子説)を導入した。

分子が反応する際に原子に分かれるとすれば,この反応はうまく説明できる(図2)。

〔図1〕

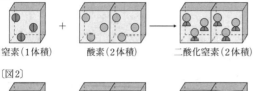

窒素(1体積) 酸素(2体積) 二酸化窒素(2体積)

〔図2〕

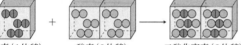

窒素(1体積) 酸素(2体積) 二酸化窒素(2体積)

●●は窒素分子,○○は酸素分子,◐●◐は二酸化窒素分子

⑲ 酸と塩基 (p.38〜p.39)

1 ① 強酸 ② 2価 ③ 3価 ④ 弱酸
⑤ 強塩基 ⑥ 2価 ⑦ 強塩基

解説 酸(塩基)の価数は酸(塩基)1分子から出しうる H^+(OH^-)の数である。(厳密には,塩基はイオン結合の物質で分子式はないため,組成式中の OH^- の数である。)酸・塩基の強弱は電離度の大小で,覚えておくしかない。

🔒重要事項 強酸と強塩基
強酸…HCl, H_2SO_4, HNO_3
強塩基…NaOH, KOH, $Ca(OH)_2$, $Ba(OH)_2$

2 ア,エ,キ
解説 ブレンステッド・ローリーの広い定義の酸は,他の物質に H^+(プロトン)を与えるもの,塩基は,他の物質から H^+ を受けとるもの。
ア. H_2O は H^+ を与えて OH^- となったので酸。
イ. H_2O は H^+ を受けとり H_3O^+ となったので塩基。
ウ. イと同様に塩基。
エ. HSO_3^- は H^+ を与えて SO_3^{2-} になったので酸。
オ. CH_3COO^- は H^+ を受けとって CH_3COOH になったので塩基。
カ. H^+ の授受がないので,酸・塩基の反応ではない。
キ. HS^- は H^+ を与えて S^{2-} になったので酸。
ク. H_2O は H^+ を受けとって H_3O^+ となったので塩基。
ケ. HCO_3^- は H^+ を受けとり H_2CO_3 になり H_2O と CO_2 に分解したので塩基。
コ. HCO_3^- は H^+ を受けとっているので塩基。
サ. OH^- は H^+ を受けとっているので塩基。
シ. HCO_3^- は H^+ を受けとっているので塩基。H_2CO_3 は電離して H_2O と CO_2 になる。

3 (強酸)HCl, H_2SO_4, HNO_3
(強塩基)$Ba(OH)_2$, NaOH, $Ca(OH)_2$
解説 代表的な強酸は HCl, H_2SO_4, HNO_3 である。代表的な強塩基は NaOH, KOH, $Ca(OH)_2$, $Ba(OH)_2$ である。

4 ① 炭酸(水素イオン) ② 酸性
③ 酸性 ④ 非金属
⑤ 水酸化ナトリウム(水酸化物イオン)
⑥ 塩基性 ⑦ 塩基性 ⑧ 金属
解説 P_4O_{10}, SO_2, SO_3, NO_2 はいずれも水と反応して,リン酸,亜硫酸,硫酸,硝酸になるので酸性酸化物である。
NO, CO は水に溶けず,塩基とも反応しないので,非金属元素の酸化物であるが,酸性酸化物ではない。

Zn，Al，Sn，Pb の酸化物は酸とも塩基とも反応するので**両性酸化物**という。

それ以外の金属元素の酸化物は**塩基性酸化物**と考えてよい。

5 （酸性酸化物）NO_2，SO_2，SO_3，P_4O_{10}
（塩基性酸化物）MgO，Fe_2O_3，CaO，BaO

👨‍🏫**解説** 酸性酸化物は塩基と反応する酸化物で非金属元素の酸化物に多い。塩基性酸化物は酸と反応する酸化物で金属元素の酸化物に多い。

6 ① $NaOH \longrightarrow Na^+ + OH^-$
② $H_2SO_4 \longrightarrow 2H^+ + SO_4^{2-}$
③ $Ca(OH)_2 \longrightarrow Ca^{2+} + 2OH^-$
④ $HNO_3 \longrightarrow H^+ + NO_3^-$
⑤ $Ba(OH)_2 \longrightarrow Ba^{2+} + 2OH^-$
⑥ $H_3PO_4 \longrightarrow 3H^+ + PO_4^{3-}$
⑦ $CH_3COOH \longrightarrow H^+ + CH_3COO^-$

👨‍🏫**解説** 2価の酸・塩基は2段階に電離し，3価の酸は3段階に電離する。

（例）
$$H_2SO_4 \longrightarrow H^+ + HSO_4^-$$
$$+)\underline{HSO_4^- \longrightarrow H^+ + SO_4^{2-}}$$
$$H_2SO_4 \longrightarrow 2H^+ + SO_4^{2-}$$

⑳ 水素イオン濃度とpH　（p.40〜p.41）

1 ① 1　② 10^{-13}　③ 1　④ 10^{-3}　⑤ 10^{-11}
⑥ 3　⑦ 0.05　⑧ 10^{-13}　⑨ 13　⑩ 0.01
⑪ 10^{-11}　⑫ 10^{-3}

👨‍🏫**解説** ①〜③ HCl
$[H^+] = 0.1 \, [mol/L] \longrightarrow pH = 1$
$[OH^-] = \dfrac{1.0 \times 10^{-14}}{[H^+]} = \dfrac{1.0 \times 10^{-14}}{0.1} = 10^{-13} \, [mol/L]$
$[H^+] = ac\alpha$ より，
$0.1 = 1 \times 0.1 \times \alpha$　$\alpha = 1$

④〜⑥ CH_3COOH
$[H^+] = 1 \times 0.1 \times 0.01 = 10^{-3} \, mol/L$
$[OH^-] = \dfrac{1.0 \times 10^{-14}}{10^{-3}} = 10^{-11} \, mol/L$
$pH = -\log_{10}[H^+] = -\log_{10} 10^{-3} = 3$

⑦〜⑨ $Ca(OH)_2$
$[OH^-] = bc'\alpha$ より，
$10^{-1} = 2 \times c' \times 1$　$c' = 0.05 \, mol/L$
$[H^+] = \dfrac{1.0 \times 10^{-14}}{10^{-1}} = 10^{-13}$
$pH = -\log_{10} 10^{-13} = 13$

⑩〜⑫ NH_3 水溶液
$pH = -\log_{10}[H^+] = 11$
$[H^+] = 10^{-11} \, mol/L$

$[OH^-] = \dfrac{1.0 \times 10^{-14}}{10^{-11}} = 10^{-3} \, mol/L$
$10^{-3} = 1 \times 0.1 \times \alpha$　$\alpha = 0.01$

🔒**重要事項　水素イオン濃度**
水のイオン積　$[H^+][OH^-] = 10^{-14}$
$[H^+] = \dfrac{10^{-14}}{[OH^-]}$
水素イオン濃度と pH
$pH = -\log_{10}[H^+]$　$[H^+] = 10^{-pH}$
水素イオン濃度とモル濃度
$[H^+] = ac\alpha$
a：価数，c：モル濃度，α：電離度

2 $6.5 \times 10^{-4} \, mol$
👨‍🏫**解説** $[H^+] = ac\alpha$ より，
$[H^+] = 1 \times 0.10 \times 0.013 = 1.3 \times 10^{-3} \, mol/L$
$[H^+] = \dfrac{物質量 [mol]}{体積 [L]} = \dfrac{x}{\frac{500}{1000}} = 1.3 \times 10^{-3}$
$x = 6.5 \times 10^{-4} \, [mol]$

3 $1.5 \times 10^{-12} \, mol$
👨‍🏫**解説** $[OH^-] = bc'\alpha$ より，
$[OH^-] = 1 \times 0.10 \times 0.013$
　　　　$= 1.3 \times 10^{-3} \, mol/L$
$[H^+] = \dfrac{10^{-14}}{[OH^-]} = \dfrac{1.0 \times 10^{-14}}{1.3 \times 10^{-3}}$
　　　$\fallingdotseq 7.7 \times 10^{-12} \, mol/L$
$[H^+] = \dfrac{x}{\frac{200}{1000}} = 7.7 \times 10^{-12}$
$x = 1.54 \times 10^{-12} \, mol$

4 1.1
👨‍🏫**解説** 2.0 mol/L の希硫酸を50.0倍に薄めた硫酸の濃度は，$\dfrac{2.0}{50.0} = 0.040 \, mol/L$。硫酸は2価の酸で，問題文より $\alpha = 1$
$[H^+] = ac\alpha = 2 \times 0.040 \times 1$
　　　$= 8.0 \times 10^{-2} \, mol/L$
$pH = -\log_{10}[H^+] = -\log_{10} 8.0 \times 10^{-2}$
　　　$= 2 - \log_{10} 2^3 = 2 - 3 \times 0.30 = 1.1$

5 10
👨‍🏫**解説** 希釈した水酸化ナトリウム水溶液のモル濃度を求める。
$1.0 \times \dfrac{0.10 \times 10^{-3}}{1.0} = 1.0 \times 10^{-4} \, mol/L$
NaOHは強塩基であるから電離度 $\alpha = 1$ と考えてよい。

$$[OH^-]=bc'\alpha=1\times1.0\times10^{-4}\times1$$
$$=1.0\times10^{-4}\ mol/L$$
$$[H^+]=\frac{10^{-14}}{[OH^-]}=\frac{1.0\times10^{-14}}{1.0\times10^{-4}}=10^{-10}$$
$$pH=-\log_{10}[H^+]=-\log_{10}10^{-10}=10$$

6 エ

解説 ア．硫酸は2価の酸，硝酸は1価の酸であるから，同じ濃度のときは，硫酸のほうが$[H^+]$は大きい。$[H^+]$大 ⟶ pH小

イ．酢酸は弱酸，塩酸は強酸であるから，同じ濃度のときは，塩酸のほうが$[H^+]$は大きい。

ウ．pH ＜ 7 は酸性，pH ＞ 7 は塩基性。pH 3 は酸性で純水に薄めても pH 8 の塩基性にはならず，pH 7 に近づく。

エ．アンモニアは弱塩基で，水酸化ナトリウムは強塩基。同じ濃度のとき，アンモニアのほうが$[OH^-]$は小さい。$[OH^-]$小 ⟶ $[H^+]$大 ⟶ pH小

オ．酸も塩基も薄めると pH は 7(中性)に近づく。

🔒**重要事項　$[H^+]$と$[OH^-]$と pH**

$[H^+][OH^-]=10^{-14}$　　$[H^+]$と$[OH^-]$は反比例

$pH=-\log_{10}[H^+]$　$[H^+]$大 ⟶ pH小

$[OH^-]$大 ⟶ ＝$[H^+]$小 ⟶ pH大

強酸 ⟶ pH小　　強塩基 ⟶ pH大

7 (1) 3　(2) 10^8 倍　(3) 1.0×10^{-2}

解説 (1) $[H^+]=ac\alpha=1\times0.05\times0.020$
$$=10^{-3}$$
$$pH=-\log_{10}[H^+]=-\log_{10}10^{-3}=3$$

(2) $pH=-\log_{10}[H^+] \longrightarrow [H^+]=10^{-pH}$

pH 2 ⟶ $[H^+]=10^{-2}$ mol/L

pH 10 ⟶ $[H^+]=10^{-10}$ mol/L

$$\frac{10^{-2}}{10^{-10}}=10^8\ 倍$$

(3) pH 11 ⟶ $[H^+]=10^{-11}$
$$[OH^-]=\frac{10^{-14}}{[H^+]}=\frac{10^{-14}}{10^{-11}}$$
$$=10^{-3}\ mol/L$$
$$[OH^-]=bc'\alpha=1\times0.10\times\alpha=1.0\times10^{-3}$$
$$\alpha=1.0\times10^{-2}$$

㉑ 中和反応 *(p.42～p.43)*

1 ① KCl　② 1　③ NaOH　④ 2　⑤ HNO_3
⑥ 2　⑦ $(CH_3COO)_2Ca$　⑧ 2　⑨ 1
⑩ $(NH_4)_2SO_4$　⑪ 1　⑫ H_3PO_4　⑬ $Ca(OH)_2$
⑭ 2　⑮ 3

解説 酸から放出される H^+ と塩基から放出される OH^- から H_2O が生じる。また，酸を構成している陰イオンと，塩基を構成している陽イオンとから**塩**が生じる。反応する物質量の比は，化学反応式を完成させたときの**係数**に等しい。

2 (1) **1 mol**　(2) **240 g**　(3) **7.4 g**

解説 中和が完了するとき，酸の出す H^+ の物質量と塩基の出す OH^- の物質量は**等しく**なる。

(1) 酸の物質量×酸の価数＝塩基の物質量×塩基の価数なので，
$$2\ mol\times1〔価〕=x\ mol\times2〔価〕$$
$$x=1\ mol$$

(2) NaOH の式量は 40 なので，
$$3\ mol\times2〔価〕=\frac{x}{40}\ mol\times1〔価〕$$
$$x=240\ g$$

(3) $(COOH)_2=90$，$Ca(OH)_2=74$ なので，
$$\frac{9.0}{90}\ mol\times2〔価〕=\frac{x}{74}\ mol\times2〔価〕$$
$$x=7.4\ g$$

🔒**重要事項　酸と塩基の中和**

H^+ の物質量と OH^- の物質量が等しいとき，中和は完了する。

$$a\times n=b\times n'$$

a：酸の価数，b：塩基の価数，

n：酸の物質量，n'：塩基の物質量

3 (1) **10 mL**　(2) **10 mL**　(3) $\mathbf{1.0\times10^2\ mL}$
(4) $\mathbf{1.0\times10^2\ mL}$

解説 (1) $ac\times\dfrac{v}{1000}=bc'\times\dfrac{v'}{1000}$　a, b は価数，

c, c' はモル濃度〔mol/L〕，v, v' は体積〔mL〕

$$1\times0.10\times\frac{30}{1000}=1\times0.30\times\frac{v'}{1000}$$
$$v'=10\ mL$$

(2) 硫酸は2価の酸
$$2\times0.10\times\frac{10}{1000}=1\times0.20\times\frac{v'}{1000}$$
$$v'=10\ mL$$

(3) CO_2 は2価の酸と考える。
$$2\times\frac{112}{22.4\times10^3}=1\times0.10\times\frac{v'}{1000}$$
$$v'=1.0\times10^2\ mL$$

(4) NaOH＝40
$$2\times0.50\times\frac{v}{1000}=1\times\frac{4.0}{40}$$
$$v=1.0\times10^2\ mL$$

🔒**重要事項　中和反応の量的関係**

水溶液と水溶液

$$a \times c \times \frac{v}{1000} = b \times c' \times \frac{v'}{1000}$$

固体と水溶液（価数 b の物質が固体）

$$a \times c \times \frac{v}{1000} = b \times \frac{w}{M}$$

M：分子量　w：質量

気体と水溶液（価数 a の物質が気体）

$$a \times \frac{v}{22.4 \times 10^3} = b \times c' \times \frac{v'}{1000}$$

④ ア

👤**解説**　ア．$Mg(OH)_2 + 2HCl \longrightarrow MgCl_2 + 2H_2O$

イ．$KOH + HCl \longrightarrow KCl + H_2O$

ウ．$Ca(OH)_2 + 2HCl \longrightarrow CaCl_2 + 2H_2O$

エ．$NaOH + HCl \longrightarrow NaCl + H_2O$

オ．$Ba(OH)_2 + 2HCl \longrightarrow BaCl_2 + 2H_2O$

前述の **②** , **③** の🔒**重要事項**より,

$$an = b \times \frac{w}{M}$$

塩基の質量　$w = \dfrac{an \times M}{b}$

塩酸の物質量　$n = c \times \dfrac{v}{1000} = 0.1 \text{ mol/L} \times \dfrac{10}{1000} \text{ L}$

$\qquad\qquad = 0.001 \text{ mol}$

塩酸の価数 a も 1 で一定なので, $w = 0.001 \times \dfrac{M}{b}$

塩基の $\dfrac{M}{b}$ の値が小さいほど, 中和に必要な塩基の質量は少ない。それぞれの $\dfrac{M}{b}$ を計算すると,

ア．$\dfrac{58}{2} = 29$　イ．$\dfrac{56}{1} = 56$　ウ．$\dfrac{74}{2} = 37$

エ．$\dfrac{40}{1} = 40$　オ．$\dfrac{171}{2} = 85.5$

よって, 値の最も小さい**ア**となる。

⑤ 4.0%

👤**解説**　水酸化ナトリウムが w〔g〕含まれていたとすると, $NaOH$ の式量は 40 なので,

$a \times c \times \dfrac{v}{1000} = b \times \dfrac{w}{M}$ より,

$1 \times 0.30 \times \dfrac{80.0}{1000} = 1 \times \dfrac{w}{40}$　$w = 0.96 \text{ g}$

したがって, 不純物の塩化ナトリウムの質量は,

$1.0 - 0.96 = 0.040 \text{ g}$

$\dfrac{0.040}{1.0} \times 100 = 4.0\%$

㉒ 塩の分類と性質　(p.44〜p.45)

① ①弱酸　②弱塩基　③強塩基　④弱塩基
⑤中性　⑥塩基性　⑦酸性　⑧中性
⑨酸性　⑩OH が残っている
⑪H が残っている　⑫H も OH もない
⑬酸性塩　⑭塩基性塩　⑮酸性塩　⑯正塩

---

② (1) $NaHCO_3$

(2) $CaCl(OH)$, $Pb(OH)NO_3$

(3) $LiCl$, CH_3COOK , $(NH_4)_2CO_3$, KNO_3

👤**解説**　化学式 $NaHCO_3$ に H があるので酸性塩, $CaCl(OH)$ には OH があるので塩基性塩, $LiCl$ には H も OH もないので正塩。

③ (1) $MgCl_2$, $FeCl_3$, NH_4Cl , $NaHSO_4$

(2) Na_2CO_3 , $NaHCO_3$, KH_2PO_4

(3) $CaCl_2$, Na_2SO_4

👤**解説**　強酸と強塩基からできた塩は加水分解を受けず電離のみ起こるので, 以下のようになる。

▶ $NaHSO_4 \longrightarrow Na^+ + H^+ + SO_4{}^{2-}$ …酸性

▶ $CaCl_2 \longrightarrow Ca^{2+} + 2Cl^-$ …中性

▶ $Na_2SO_4 \longrightarrow 2Na^+ + SO_4{}^{2-}$ …中性

　強酸と弱塩基, 弱酸と強塩基からできた塩は**加水分解を受ける**ので, 以下のようになる

▶ $MgCl_2 + 2H_2O \longrightarrow Mg(OH)_2 + 2\underline{H^+} + 2Cl^-$
　　　　　　　　　　　　　　　　　…酸性

▶ $FeCl_3 + 3H_2O \longrightarrow Fe(OH)_3 + 3\underline{H^+} + 3Cl^-$…酸性

▶ $NH_4Cl + H_2O \longrightarrow NH_4OH + \underline{H^+} + Cl^-$…酸性

▶ $NaHCO_3 + H_2O \longrightarrow Na^+ + \underline{OH^-} + H_2CO_3$
　　　　　　　　　　　　　　　　　…塩基性

▶ $Na_2CO_3 + 2H_2O \longrightarrow 2Na^+ + 2\underline{OH^-} + H_2CO_3$
　　　　　　　　　　　　　　　　　…塩基性

▶ $KH_2PO_4 + H_2O \longrightarrow K^+ + \underline{OH^-} + H_3PO_4$…塩基性

🎯**ミスポイント　$NaHCO_3$ の加水分解**

　$NaHCO_3$ は酸性塩であるが, 加水分解して, 塩基性を示す。

$$HCO_3{}^- + H_2O \rightleftharpoons H_2CO_3 + OH^-$$

④ (1) $NaHSO_4$, $NaHCO_3$

(2) NH_4Cl , $NaHSO_4$, $CuSO_4$

👤**解説**　(1)酸の H^+ になる H が残っている塩を酸性塩という。

(2) NH_4Cl は強酸(HCl)と弱塩基(NH_3)からなる正塩で, 加水分解して酸性を示す。

$NH_4{}^+ + H_2O \rightleftharpoons NH_3 + H_3O^+$

$NaHSO_4$ は強酸(硫酸)の酸性塩で

$HSO_4{}^- \longrightarrow H^+ + SO_4{}^{2-}$ となり, 酸性を示す。

$CuSO_4$ も強酸(H_2SO_4)と弱塩基($Cu(OH)_2$)からなる正塩で, 加水分解して酸性を示す。

$CuSO_4 + 2H_2O \rightleftharpoons Cu(OH)_2 + 2H^+ + SO_4{}^{2-}$

5 (1) $CH_3COONa + H_2O$

　　　　　　　──→ $CH_3COOH + Na^+ + OH^-$

(2) $NH_4Cl + H_2O ──→ NH_4OH + H^+ + Cl^-$

(3) $KNO_3 ──→ K^+ + NO_3^-$

(4) $NaHSO_4 ──→ Na^+ + H^+ + SO_4^{2-}$

(5) $NaHCO_3 + H_2O ──→ Na^+ + OH^- + H_2CO_3$

㉓ 中和滴定　　　　　　(p.46～p.47)

1 ① 水酸化ナトリウム水溶液

② アンモニア水　③ 酢酸水溶液　④ 塩酸

⑤ フェノールフタレイン　⑥ メチルオレンジ

🦆**解説** 加えた酸または塩基の体積が 0 のとき①，②はアルカリ性で pH 値より①は強塩基，②は弱塩基，③，④は酸性で pH 値より③は弱酸で④は強酸であることが推定できる。指示薬については，リトマスは鈍感(どんかん)なので中和滴定には使用されない。フェノールフタレイン，メチルオレンジが使われ，変色域はそれぞれ pH8.0 ～ 9.8，pH3.1 ～ 4.4 である。

2 (1) B．メスフラスコ　E．ホールピペット

G．ビュレット　H．コニカルビーカー

(2)① E　② B　③ G

(3)精度よく目盛りをつけられている器具なので，乾燥機の熱により，ガラスが膨張して目盛りがくるうことを防ぐため。

🦆**解説** 駒込ピペットやビーカーの目盛りは，およそで付けてあるので，正確な体積をはかりとるためには使用しない。メスフラスコは，正しい体積に調整し，正確な濃度の溶液をつくることができる。中和滴定は実験器具の使用方法などとともに手順もしっかり理解しておこう。

3 (1)① メスフラスコ　② ホールピペット

③ ビュレット

(2)水酸化ナトリウムには潮解性(ちょうかいせい)があり，また空気中の二酸化炭素を吸収するから。

(3)5.00×10^{-2} mol/L　(4)**0.125 mol/L**

🦆**解説** (2)水酸化ナトリウムは潮解性という空気中の水分を吸収する性質がある。また空気中の二酸化炭素も吸収するため，正確な質量をはかりとったつもりでも，実際の質量は測定値より小さな値となっていて，その値はわからない。したがって，正確な濃度の水酸化ナトリウム水溶液をつくることはできない。また水溶液も空気中の二酸化炭素を吸収するため濃度は一定に保たれない。

(3) $(COOH)_2 \cdot 2H_2O = 126$ なので 3.15 g の物質量は，

$$n = \frac{w}{M} = \frac{3.15}{126} \text{ mol}$$

モル濃度　$c = \frac{n}{V} = \frac{3.15}{126} \times \frac{1000}{500}$

$$= 5.00 \times 10^{-2} \text{ mol/L}$$

(4) H^+ の物質量 $= \frac{acv}{1000}$

$$= 2 \times 5.00 \times 10^{-2} \times \frac{25.0}{1000}$$

OH^- の物質量 $= \frac{bc'v'}{1000}$

$$= 1 \times c' \times \frac{20.0}{1000}$$

滴定が完了したとき，$H^+ = OH^-$ なので，

$$2 \times 5.00 \times 10^{-2} \times \frac{25.0}{1000} = 1 \times c' \times \frac{20.0}{1000}$$

$$c' = 0.125 \text{ mol/L}$$

4 (モル濃度)**0.510 mol/L**

(質量パーセント濃度)**3.00％**

🦆**解説** 10 倍に薄めた食酢の濃度を c〔mol/L〕とすると，

$acv = bc'v'$ より，

$$1 \times c \times 10.00 = 1 \times 0.100 \times 5.10$$

$$c = 0.0510 \text{ mol/L}$$

もとの食酢のモル濃度は，

$$0.0510 \times 10 = 0.510 \text{ mol/L}$$

食酢 1 L の質量は，

$$1000 \text{ cm}^3 \times 1.02 \text{ g/cm}^3 = 1020 \text{ g}$$

食酢 1 L 中に酢酸は 0.510〔mol〕含まれている。

$CH_3COOH = 60$ なので，

$$\frac{0.510 \times 60}{1020} \times 100 = 3.00\ \%$$

第4章 | **酸化還元反応**

㉔ 酸化と還元 *(p.48〜p.49)*

1 ① 得　② 酸化　③ 失っ　④ 還元
　　⑤ 得　⑥ 還元　⑦ 失っ　⑧ 酸化
　　⑨ 失っ　⑩ 酸化　⑪ 得　⑫ 還元

解説 酸化還元反応の最初の定義は 18 世紀末のラボアジエ(仏)によるもので，酸素の授受で説明された。しかし，学問が進んでくると，

　　$CuO + CH_3OH \longrightarrow Cu + HCHO + H_2O$

の反応で見られるように，CuO は酸素を失って還元されているが，CH_3OH が酸素を得て酸化されたとはいえない反応が多数出てきた。

そこで，$CH_3OH \longrightarrow HCHO$ の変化で**H が失われ酸化された**とすると，他の反応も矛盾なく説明できることが分かり，酸化還元の定義が H の授受も含める形で拡張された。しかし，同様なことが Cl 原子や S 原子などの移動でも起こり，混乱したが，その後の研究でこれらの原子の移動は必ず電子の移動を伴っていることが分かり，酸化還元反応は電子の授受で説明されるようになった。

O，H の授受で判断する場合は，反応の前後で化合物中での O，H の原子数の変化を数える。増えていれば，それは得た結果であり，減っていれば，それは失った結果である。電子の授受で判断する場合は，電子を得ればイオンの価数は−側へ変化し，逆に電子を失えば，イオンの価数は＋側へ変化することから判定することができる。

2 (1) 酸化された　(2) 還元された
　　(3) 酸化された　(4) 還元された
　　(5) 還元された　(6) 酸化された

解説 (1)Al は酸素を得ており，Al の酸化数も 0 →＋3 へ増加している。

(2)CO_2 は O を失っており，C の酸化数も ＋4 → 0 へ減少している。

(3)CH_3OH は H を失って HCHO になり，C の酸化数も −2 → 0 へ増加している。

(4)Cl_2 は H を得ており，Cl の酸化数も 0 →−1 へ減少している。

---

(5)反応前に e^- が存在しているので，S が得たことを意味する。酸化数も 0 →−2 へ減少している。

(6)反応後に e^- が存在しているので，Fe が放出したことを意味する。酸化数も 0 →＋2 へ増加している。

3 (1)＋4　(2)＋3　(3)−2　(4)＋4
　　(5)＋6　(6)＋7　(7)＋6　(8)−1
　　(9)0　(10)−1　(11)＋2　(12)＋7

解説 (1)$0 = S + (-2) \times 2$，$S = +4$

(2)単原子イオンはイオンの価数が酸化数。

(3)$0 = S + (+1) \times 2$，$S = -2$

(4)$0 = N + (-2) \times 2$，$N = +4$

(5)$-2 = S + (-2) \times 4$，$S = +6$

(6)$-1 = Mn + (-2) \times 4$，$Mn = +7$

(7)$0 = 1 \times 2 + 2 \times Cr + (-2) \times 7$

　　$Cr = +6$

(8)過酸化物での O の酸化数は −1

(9)単体は 0

(10)K，Na，Ca のような陽性が強い元素との水素化物の H は −1 の酸化数をとる。

　　$0 = +2 + 2 \times H$，$H = -1$

(11)多原子イオンはひとまとまりで計算するとはやい。PO_4^{3-} の酸化数は −3 とすると，

　　$0 = 3 \times Fe + (-3) \times 2$，$Fe = +2$

(12)Cl は酸素と結びつくと ＋7 〜＋1 の酸化数をとる。$0 = 1 + Cl + (-2) \times 4$　　$Cl = +7$

4 (1)① −1　② 0　③ 0　④ −1　⑤ ◯　⑥ ✕
　　(2)① 0　② ＋1　③ ＋2　④ 0　⑤ ◯　⑥ ✕
　　(3)① 0　② −2　③ −1　④ 0　⑤ ✕　⑥ ◯
　　(4)① 0　② ＋5　③ ＋2　④ ＋4　⑤ ◯　⑥ ✕
　　(5)① −1　② ＋4　③ ＋6　④ −2　⑤ ✕　⑥ ◯

解説 (1)ハロゲンの単体は電子を得て 1 価の陰イオンとなることが多いので還元されやすく，他の物質を酸化するはたらきをすることが多い。

(2)金属の単体は電子を失って陽イオンになるので酸化されやすく，還元剤のはたらきをすることが多い。

(3)F_2 も O_2 も電子を受けとって陰イオンになりやすいので，他の物質の酸化剤としてはたらくが，両者には強弱がある。この場合，F_2 が酸素を酸化しているので，酸化するはたらきとしては F_2 のほうが O_2 より強いことになる。F_2 は全元素中で最も強い反応力をもち，貴ガスとも XeF_4 のような化合物をつくる。

(4) 濃硝酸と銅の反応は NO_2 を発生させ，希硝酸と銅の反応は NO を発生させる。希硝酸の反応でできた NO の N の酸化数は $+2$，濃硝酸の反応でできた NO_2 の N は $+4$ なので NO_2 のほうがより酸化が進んでいる。濃硝酸の酸化力のためと考えれば混乱せずに覚えられる。

(5) 過酸化物中の O の酸化数は -1。S は H_2S の -2 から $\underline{S}O_4^{2-}$ の $+6$ まで幅広い酸化数をとるので注意が必要である。

> 🔒**重要事項　酸化剤と還元剤**
>
> 酸化数増→酸化された→還元剤
> 酸化数減→還元された→酸化剤

㉕ 酸化剤・還元剤　　　　(p.50～p.51)

❶ ①4　②8　③5

👆📖**解説**　① 水溶液中に存在している物質を使って反応式を完成させるのが基本である。
MnO_4^- が Mn^{2+} に変化しているが，右辺には O がない。そこで水溶液中に豊富にある H_2O で補充する。4 個の O は H_2O 4 個とする。
② H_2O を使えば，反応式には新たに H が登場してくるので，左辺に書き加える。4 個の H_2O なので，8 個の H^+ で補充する。
　酸化剤は，H^+ が必要なものが多く，反応を円滑に進めるためには H^+ を多量に用意する必要がある。そのために使われるのが希硫酸で，「硫酸酸性にする」とは，硫酸で H^+ を補うということである。
　HCl は Cl^- が酸化されて単体になることもあり，HNO_3 はそのものが酸化力をもつため H^+ を供給する目的では使えない。
③ 反応式の両辺は原子の種類と数だけでなく，総電荷も一致しなくてはならない。書き加えるのは，-1 の電子なので，これを x とすると，
　　$(-1)+1\times 8+x\times (-1)=+2$　　$x=5$
イオン反応式(半反応式)が書けるようになれば，酸化還元の理解は大きく進む。

❷ (1) $Cr_2O_7^{2-}+14H^++6\,e^-\longrightarrow 2Cr^{3+}+7H_2O$
(2) $H_2O_2\longrightarrow O_2+2H^++2e^-$
(3) $SO_2+2H_2O\longrightarrow SO_4^{2-}+4H^++2e^-$
(4) $H_2O_2+2H^++2e^-\longrightarrow 2H_2O$
(5) $HNO_3+3H^++3e^-\longrightarrow NO+2H_2O$
(6) $SO_2+4H^++4e^-\longrightarrow S+2H_2O$

👆📖**解説**　左辺と右辺の O の個数に注目して，調整していく。

(1) 左辺の O が 7 個多いので，右辺に 7 個 H_2O を補う。
　　$Cr_2O_7^{2-}\longrightarrow 2Cr^{3+}+7H_2O$
7 個の H_2O なので 14 個 H^+ を左辺に補う。
　　$Cr_2O_7^{2-}+14H^+\longrightarrow 2Cr^{3+}+7H_2O$
左辺の総電荷は $+12$，右辺は $+6$ なので e^- を左辺に 6 個補って両辺の電荷を等しくする。
　　$Cr_2O_7^{2-}+14H^++6e^-\longrightarrow 2Cr^{3+}+7H_2O$

(2) O の数は左右同じなので調整の必要はない。
H は右辺にないので，2 個の H^+ を補う。
　　$H_2O_2\longrightarrow O_2+2H^+$
左辺の総電荷は 0，右辺は $+2$ なので，e^- を右辺に 2 個補う。
　　$H_2O_2\longrightarrow O_2+2H^++2e^-$

(3) 右辺の O が 2 個多いので，左辺に 2 個 H_2O を補う。
　　$SO_2+2H_2O\longrightarrow SO_4^{2-}$
2 個の H_2O なので 4 個の H^+ を右辺に補う。
　　$SO_2+2H_2O\longrightarrow SO_4^{2-}+4H^+$
左辺の総電荷は 0，右辺は $+2$ なので，e^- を右辺に 2 個補う。
　　$SO_2+2H_2O\longrightarrow SO_4^{2-}+4H^++2e^-$

(4) 左辺の O が 1 個多いので，右辺に 1 個 H_2O を補う。
　　$H_2O_2\longrightarrow 2H_2O$
1 個の H_2O なので 2 個の H^+ を左辺に補う。
　　$H_2O_2+2H^+\longrightarrow 2H_2O$
左辺の総電荷は $+2$，右辺は 0 なので，e^- を左辺に 2 個補う。
　　$H_2O_2+2H^++2e^-\longrightarrow 2H_2O$

(5) 左辺の O が 2 個多いので，右辺に 2 個 H_2O を補う。
　　$HNO_3\longrightarrow NO+2H_2O$
2 個の H_2O なので 4 個の H^+ を左辺に補うが，そのうち HNO_3 に 1 個あるので 3 個補えばよい。
　　$HNO_3+3H^+\longrightarrow NO+2H_2O$
左辺の総電荷は $+3$，右辺は 0 なので，e^- を左辺に 3 個補う。
　　$HNO_3+3H^++3e^-\longrightarrow NO+2H_2O$

(6) 左辺の O が 2 個多いので，右辺に 2 個 H_2O を補う。
　　$SO_2\longrightarrow S+2H_2O$
2 個の H_2O なので 4 個の H^+ を左辺に補う。
　　$SO_2+4H^+\longrightarrow S+2H_2O$
左辺の総電荷は $+4$，右辺は 0 なので，e^- を左辺に 4 個補う。
　　$SO_2+4H^++4e^-\longrightarrow S+2H_2O$

☑ **注意　H_2O_2 と SO_2 は二刀流**

H_2O_2 は通常，酸化剤だが還元剤となることもある。SO_2 は通常，還元剤だが酸化剤となることもある。

H_2O_2 は還元剤としてはたらくと O_2 になる。
SO_2 は酸化剤としてはたらくと S になる。

---

③ (1) $H_2O_2 + 2H^+ + 2Fe^{2+} \longrightarrow 2H_2O + 2Fe^{3+}$

(2) $2MnO_4^- + 5SO_2 + 2H_2O$
$\longrightarrow 2Mn^{2+} + 5SO_4^{2-} + 4H^+$

👉**解説** 酸化還元反応のイオン反応式は，e^- を消去するようにイオン反応式(半反応式)を何倍かして足すことで作成する。

(1) H_2O_2 の反応式は 2 個の e^-，Fe^{2+} の反応式は 1 個の e^- なので，Fe^{2+} の反応式を 2 倍して足せば両辺の e^- は 2 個となり，消去できる。

$H_2O_2 + 2H^+ + 2e^- \longrightarrow 2H_2O$
$+)\ 2Fe^{2+} \longrightarrow 2Fe^{3+} + 2e^-$
$\overline{H_2O_2 + 2H^+ + 2e^- + 2Fe^{2+}}$
$\qquad \longrightarrow 2H_2O + 2Fe^{3+} + 2e^-$

整理すると，$H_2O_2 + 2H^+ + 2Fe^{2+} \longrightarrow 2H_2O + 2Fe^{3+}$

(2) MnO_4^- 式を 2 倍，SO_2 の反応式を 5 倍して足せば，両辺の e^- は 10 個となり，消去できる。

$2MnO_4^- + 16H^+ + 10e^- \longrightarrow 2Mn^{2+} + 8H_2O$
$+)\ 5SO_2 + 10H_2O \longrightarrow 5SO_4^{2-} + 20H^+ + 10e^-$
$\overline{2MnO_4^- + 16H^+ + 10e^- + 5SO_2 + 10H_2O}$
$\qquad \longrightarrow 2Mn^{2+} + 8H_2O + 5SO_4^{2-} + 20H^+ + 10e^-$

整理すると，$2MnO_4^- + 5SO_2 + 2H_2O$
$\qquad \longrightarrow 2Mn^{2+} + 5SO_4^{2-} + 4H^+$

---

④ (酸化剤) ウ　(酸化還元反応ではない) イ

👉**解説**

ア．Al：$0 \to +3$，酸化されているので還元剤。
イ．Cr：$+6 \to +6$，変化していない。
ウ．Cl：$0 \to -1$，還元されているので酸化剤。
エ．S：$+4 \to +6$，酸化されているので還元剤。

---

⑤ (1) ビュレット

(2) 無色 → 薄い赤紫色

(3) 0.018 mol/L

👉**解説** (1) 中和滴定と同じ。
(2) 酸化還元滴定は，特定の指示薬というのはなく，酸化剤，あるいは還元剤そのものの色の変化を利用する。シュウ酸が残っている間は，コニカルビーカー

に過マンガン酸カリウム水溶液を滴下しても，Mn^{2+} に還元されるので赤紫色はすぐに消えて無色のままである。しかし，シュウ酸がなくなれば，次に滴下された過マンガン酸カリウム水溶液は変色せず赤紫色のままになる。

(3) 2 つの反応式を 1 つにしてみると，
(MnO_4^- の反応式×2，$H_2C_2O_4$ の反応式×5)

$2MnO_4^- + 16H^+ + 10e^- \longrightarrow 2Mn^{2+} + 8H_2O$
$+)\ 5H_2C_2O_4 \longrightarrow 10CO_2 + 10H^+ + 10e^-$
$\overline{2MnO_4^- + 16H^+ + 10e^- + 5H_2C_2O_4}$
$\qquad \longrightarrow 2Mn^{2+} + 8H_2O + 10CO_2 + 10H^+ + 10e^-$

整理すると，
$2MnO_4^- + 6H^+ + 5H_2C_2O_4$
$\qquad \longrightarrow 2Mn^{2+} + 8H_2O + 10CO_2$

この式から $MnO_4^- : H_2C_2O_4 = 2 : 5$ の割合で反応することがわかる。

物質量を n，モル濃度を c，体積を v とすると，
$c = \dfrac{n}{v}$ がなりたっているので，$n = cv$ とすれば，
$2 : 5 = cv : c'v'$ がなりたつ。それぞれに値を代入すると，

$2 : 5 = 0.010 \times 7.2 : c' \times 10$
$20\,c' = 0.36$
$c' = 0.018\ \text{mol/L}$

別解　中和滴定と同様に考えると簡単に解ける。
中和が完了する条件は，

酸から放出される H^+ の物質量	$=$	塩基から放出される OH^- の物質量

である。ここから $acv = bc'v'$ の公式が導き出された。
酸化還元反応の完了条件は，

酸化剤が受けとる e^- の物質量	$=$	還元剤から放出される e^- の物質量

である。中和では，酸，塩基の価数が a と b であり，酸化還元では，出し入れする電子の数が a と b にあたる。したがって，

酸化剤 $KMnO_4$ にかかわる電子数 $=5=a$
濃度 $=0.010\ \text{mol/L}=c$
滴下体積 $=7.2\ \text{mL}=v$
還元剤 $H_2C_2O_4$ にかかわる電子数 $=2=b$
濃度 $=c'\,[\text{mol/L}]$
体積 $=10.0\ \text{mL}=v'$

となり $acv = bc'v'$ より，
$5 \times 0.010 \times 7.2 = 2 \times c' \times 10$
$c' = \dfrac{5 \times 0.010 \times 7.2}{20} = 0.018\ \text{mol/L}$

㉖ イオン化傾向 (p.52〜p.53)

1 ① Li 〜 Mg　② Li 〜 Fe　③ Li 〜 Pb
④ Li 〜 Ag　⑤ Li 〜 Au　⑥ Li 〜 Na
⑦ Li 〜 Hg

解説 イオン化傾向とは，原子が電子を放出して陽イオンになりやすい性質のことであり，イオン化傾向が大きいということは反応性が大きいということである。

この表は，電池・電気分解を理解する上でも重要であり，水→熱水→高温水蒸気→希酸→酸化力のある酸→王水の順に酸化力の強い条件になっている。水，熱水，高温水蒸気に反応する Na, Mg, Fe を「なまって」と覚えておけば，希酸は H まで，王水は最後の 2 つ（Pt, Au），酸化力のある酸はその間なので自然と覚えられる。

常温空気での酸化は常温の水で反応するものと同じであり，強熱により酸化されないものは Ag, Pt, Au なので覚えやすい。

2 ① 放出　② 2　③ 2
④ $2Na+2H_2O \longrightarrow H_2+2NaOH$
⑤ H_2(水素)　⑥ Fe(鉄)　⑦ 陽　⑧ $2e^-$
⑨ 2　⑩ 得　⑪ 小さ　⑫ 酸化　⑬ 硝酸
⑭ 熱濃硫酸　⑮ 濃硝酸　⑯ 濃塩酸

解説 王水はアッバース朝ペルシャのジャービルによって 9 世紀頃に発明された。王水は以下の反応で発生した Cl_2 と $NOCl$（塩化ニトロシル）が強い酸化力を発揮する。

$HNO_3+3HCl \longrightarrow Cl_2+NOCl+2H_2O$

しかし，反応式からわかるように必ずしも HCl が必要なわけではなく，NaCl でも代用できる。また，何でも溶かせるわけではなく，Ag では，難溶性の AgCl を表面に生成するため溶かすことができない。

3 (1) ×　(2) △　(3) ×　(4) ○　(5) △　(6) ×
(7) ×

解説 (1) 高温水蒸気で反応するのは Fe まで。
(2) 希硫酸に入れると水に難溶性の $PbSO_4$ を生成して反応が止まる。
(3) イオン化列は，Ni ＞ Ag
Ni のほうが陽イオンになりやすいが，すでに陽イオンになっているので，これ以上変化することはない。

(4) イオン化列は，Mg ＞ Cu
Mg のほうが陽イオンになりやすいので，次のように変化する。

$Mg \longrightarrow Mg^{2+}+2e^-$
$Cu^{2+}+2e^- \longrightarrow Cu$

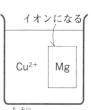
イオンになる

(5) Al を濃硝酸や濃硫酸に入れると緻密（ち みつ）な酸化膜である不動態を形成し，反応が内部に進行しなくなる。
(6) Ag の酸化物 Ag_2O は不安定な物質で，熱によって再度 Ag と O_2 に分解する。そのため，強熱では酸化物をつくらない。
(7) イオン化列では H_2 ＞ Cu。したがって，Cu は希硫酸に溶けない。

4 (1) A．マグネシウム　B．白金　C．銅
D．鉄　E．カリウム
(2) (分子式) NO_2　（色）赤褐色
(3) (形成したもの) 不動態　（金属）Al, Ni

解説 (1) 候補の金属をイオン化列の順に並べる。
　　K ＞ Mg ＞ Fe ＞ Cu ＞ Pt
次に，最もイオン化傾向の大きいものと小さいものに着目し，その反応性の大小と諸条件から各物質を決定する。
①から，最も反応性が小さいのは B か D とわかる。Pt か，濃硝酸で不動態をつくる Fe が候補になる。
②から，最も反応性が大きいのは A か E とわかる。K と Mg が候補になる。
③から，陽イオンになりにくいほうが析出するのでイオン化列は，D ＞ C。①の結果からイオン化列最小の Pt が D であることはないので，Pt は B，Fe が D，Cu が C となる。
④から，E のほうが反応性が大きいとわかるので E は K とわかり，②より A は Mg となる。
(2) 濃硝酸と Ag，Hg などの組み合わせでも赤褐色の NO_2 を発生する。NO_2 は水に溶けて硝酸に変化する。
(3) 不動態は，表面が緻密な酸化膜に覆われるために化学変化が進行しなくなった状態である。Al, Fe, Ni に濃硝酸や濃硫酸を加えると生成する。

㉗ 電池 (p.54〜p.55)

1 ① $(-)Zn \mid ZnSO_4 \, aq \mid CuSO_4 \, aq \mid Cu(+)$
② 負　③ 正　④ Zn^{2+}　⑤ Cu^{2+}　⑥ SO_4^{2-}
⑦ $CuSO_4$　⑧ 酸化　⑨ $Zn \longrightarrow Zn^{2+}+2e^-$
⑩ 還元　⑪ $Cu^{2+}+2e^- \longrightarrow Cu$
⑫ $Zn+Cu^{2+} \longrightarrow Zn^{2+}+Cu$

解説 電池は電子を放出する側を負極としているので，よりイオン化傾向が大きく，陽イオンになりやすい物質が**負極活物質**になる。

ダニエル電池では中央の素焼き板などのしきりをとると両液は混合し，Zn 板の表面で Cu^{2+} が電子を受けとるため，回路に電流が流れなくなる。

> **🔒重要事項　化学電池の極**
> イオン化傾向が大きい金属が負極となる。正極と負極の金属のイオン化傾向の差が大きいと起電力が大きくなる。

2 ① 銅(Cu)　② 負(－)　③ 硫酸
　④ 亜鉛(Zn)　⑤ 銅(Cu)　⑥ 銅(Cu)
　⑦ 亜鉛(Zn)

解説 **1** を参照。ダニエル電池では Cu^{2+} も素焼き板などのしきりをわずかに通りぬけることができるが，電池として作動させている間は，Cu^{2+} の通りぬけを考える必要はなく，銅板に付着するのみと考える。そのため，Zn^{2+} と SO_4^{2-} のみが素焼き板を通りぬけ移動すると考える。

3 (1)（電池式）
　　$(-)Zn \mid ZnSO_4\ aq \mid CuSO_4\ aq \mid Cu(+)$
　（正極）$Cu^{2+}+2e^- \longrightarrow Cu$
　（負極）$Zn \longrightarrow Zn^{2+}+2e^-$
　（全体）$Zn+Cu^{2+} \longrightarrow Zn^{2+}+Cu$
　(2)（電池式）$(-)H_2 \mid H_3PO_4\ aq \mid O_2(+)$
　（正極）$O_2+4H^++4e^- \longrightarrow 2H_2O$
　（負極）$H_2 \longrightarrow 2H^++2e^-$
　（全体）$2H_2+O_2 \longrightarrow 2H_2O$
　(3)（電池式）
　　$(-)Zn \mid ZnCl_2\ aq,\ NH_4Cl\ aq \mid MnO_2, C(+)$
　（正極）$MnO_2+NH_4^++e^-$
　　　　　　　　　$\longrightarrow MnO(OH)+NH_3$
　（負極）$Zn \longrightarrow Zn^{2+}+2e^-$
　(4)（電池式）$(-)Pb \mid H_2SO_4\ aq \mid PbO_2(+)$
　（正極）$PbO_2+4H^++SO_4^{2-}+2e^-$
　　　　　　　　　$\longrightarrow PbSO_4+2H_2O$
　（負極）$Pb+SO_4^{2-} \longrightarrow PbSO_4+2e^-$
　（全体）$Pb+PbO_2+2H_2SO_4$
　　　　　　　　　$\longrightarrow 2PbSO_4+2H_2O$

解説 (1)正極には Cu を，負極には Zn を用いる。

(2)燃料電池は，1839 年にその原型がつくられたが，必要性がなかったので忘れられていた。しかし，月ロケット計画でロケットの質量を小さくする必要があるため，ロケットの燃料を直接使える燃料電池が実用化された。生成した水は飲料水にも使える。

H_2 と O_2 では，もともとの性質として H は電子を放出して H^+ に，O は電子を受け取って O^{2-} になりやすいので，H_2 が負極になる。リン酸型は，電解液が酸性のため，反応に OH^- は使われず H^+ が使われる。

(3)マンガン乾電池の正極の反応は複雑で，よく解明されていなかったが，研究により MnO_2 が酸化水酸化マンガン $MnO(OH)$ に変化することが確実とされた。Mn の酸化数は $+4 \rightarrow +3$ に変化している。

(4)鉛蓄電池の反応式は頻出である。ポイントは，放電すると両極板とも不溶性の $PbSO_4$ に変化することを押さえておけば，反応式は酸化還元の半反応式の書き方の要領で書くことができる。

負極は，$Pb \longrightarrow PbSO_4$ の変化。

希硫酸中での反応なので，左辺に SO_4^{2-} を書き加える。

　　$Pb+SO_4^{2-} \longrightarrow PbSO_4$

電荷を等しくするために，右辺に $2e^-$ を書き加える。

　　$Pb+SO_4^{2-} \longrightarrow PbSO_4+2e^-$

正極は，$PbO_2 \longrightarrow PbSO_4$ の変化。

希硫酸中での反応なので，左辺に SO_4^{2-} を書き加える。

　　$PbO_2+SO_4^{2-} \longrightarrow PbSO_4$

左辺に O が 2 個多くあるので，右辺に H_2O を 2 個書き加える。

　　$PbO_2+SO_4^{2-} \longrightarrow PbSO_4+2H_2O$

$2H_2O$ に含まれる H を補うため，左辺に H^+ を 4 個書き加える。

　　$PbO_2+4H^++SO_4^{2-} \longrightarrow PbSO_4+2H_2O$

電荷を等しくするため，左辺に $2e^-$ を書き加える。

　　$PbO_2+4H^++SO_4^{2-}+2e^- \longrightarrow PbSO_4+2H_2O$

全体の反応式は，そのまま 2 つの式を足せばよく，$4H^+$ と $2SO_4^{2-}$ は希硫酸を使っているので $2H_2SO_4$ と表せる。

Pb と PbO_2 のみ係数は 1 で，他の 3 つは 2 というのも覚えやすい。

4 ① 活　② 水素(H_2)　③ 正
　④ 硫酸鉛(Ⅱ)($PbSO_4$)　⑤ Pb　⑥ 重　⑦ 小さ
　⑧ 正　⑨ 負　⑩ 二

解説 燃料電池には，電解液を LiOH や KOH にしたアルカリ型がある。この場合の反応式は

正極：$O_2 + 2H_2O + 4e^- \longrightarrow 4OH^-$
負極：$H_2 + 2OH^- \longrightarrow 2H_2O + 2e^-$
全体：$2H_2 + O_2 \longrightarrow 2H_2O$

となり，水の生成が負極に変わるが，全体は水素の燃焼反応と同じである。

蓄電池をつくるためには，放電により変化した活物質を充電でもとの状態に戻せなくてはならない。しかし，ボルタ電池やダニエル電池の負極活物質は放電とともに溶液に溶け出すため，それを回収してもとに戻すことは不可能であった。そこで，放電しても溶液に溶けない $PbSO_4$ に変化する Pb と PbO_2 の組み合わせが 1859 年にプランテ(仏)により考え出された。

電池ではイオン化傾向の大きいほうが負極になるが，言いかえると**反応性大が負極**ということである。つまり，Pb と PbO_2 ではまだ反応してない Pb のほうが反応性大で負極になると推論できる。

Pb は酸化数 +2 の状態が最も安定なので，放電では，負極は Pb が $PbSO_4$ に変化して Pb の酸化数は $0 \rightarrow +2$ になり酸化される。正極は PbO_2 が $PbSO_4$ に変化して Pb の酸化数は $+4 \rightarrow +2$ になり還元される。

放電の結果，正極，負極とも，より式量が大きい $PbSO_4$ になるため，その分重くなり，希硫酸はその増加分の質量が減少し，密度・濃度が減少する。充電では逆のことが起こる。

🔒重要事項　鉛蓄電池

鉛蓄電池の負極はまだ反応していない Pb。放電すると極板は重く，希硫酸は軽くなる。Pb，PbO_2 は不溶性の $PbSO_4$ に変化する。

充電すると極板は軽く，希硫酸は重くなる。$PbSO_4$ は Pb，PbO_2 に戻る。

㉘ 電気分解　(p.56〜p.57)

1 ① Cu^{2+}　② Cl^-（①・② 順不同）

③ $2Cl^- \longrightarrow Cl_2 + 2e^-$

④ $Cu^{2+} + 2e^- \longrightarrow Cu$

⑤ Na^+　⑥ SO_4^{2-}（⑤・⑥ 順不同）

⑦ $2H_2O \longrightarrow O_2 + 4H^+ + 4e^-$

⑧ $2H_2O + 2e^- \longrightarrow H_2 + 2OH^-$

解説 ①〜④ 電池が活物質のイオン化傾向の差を利用した自発的な反応なのに対して，電気分解は外部電源が電極付近の物質から電子を奪い，あるいは与えて酸化還元反応を起こして，強制的に単体にする反応である。外部電源の正極につないだ側を陽極，負極につないだ側を陰極とよぶ。

陽極では，電源が電子を奪うので，奪われやすい順に反応する。例えば，次のイオンは，$I^- > Br^- > Cl^- > OH^-(H_2O)$ の順に反応する。SO_4^{2-} や NO_3^- は安定なため，通常の条件では分解されない。

陰極では電源から電子が送り込まれてくるため電子をもらいやすい物質が還元されて単体になる。つまり，イオン化傾向の小さい順に反応する。例えば，次のイオンは，Ag^+，Cu^{2+}，$H^+(H_2O)$ の順に反応する。

⑤〜⑧ 水溶液が酸性の場合，陰極では豊富にある H^+ が反応して H_2 になる。塩基性の場合，陽極では豊富にある OH^- が反応して O_2 になる。それ以外の各液の性質では，H^+ や OH^- の量が少ないため，H_2O がかわりに反応する。硫酸ナトリウム水溶液は，中性のためどちらのイオンも少なく，H_2O が反応する。

反応式の書き方は以下のようにするとよい。はじめに，どちらの式も $2H_2O$ から書き始める。陽極は OH^- のかわりなので O_2，陰極は H^+ のかわりなので H_2 が発生する。あとは，水を分解して発生するイオンは H^+ か OH^- なので，それを使って調整し，最後は e^- で両辺の電荷の量を等しくする。

陽極：$2H_2O \longrightarrow O_2$
　　　$2H_2O \longrightarrow O_2 + 4H^+$
　　　$2H_2O \longrightarrow O_2 + 4H^+ + 4e^-$

陰極：$2H_2O \longrightarrow H_2$
　　　$2H_2O \longrightarrow H_2 + 2OH^-$
　　　$2H_2O + 2e^- \longrightarrow H_2 + 2OH^-$

---

2 ① $2H_2O \longrightarrow O_2 + 4H^+ + 4e^-$

② $2H^+ + 2e^- \longrightarrow H_2$

③ $4OH^- \longrightarrow O_2 + 2H_2O + 4e^-$

④ $2H_2O + 2e^- \longrightarrow H_2 + 2OH^-$

⑤ $2I^- \longrightarrow I_2 + 2e^-$

⑥ $2H_2O + 2e^- \longrightarrow H_2 + 2OH^-$

⑦ $Cu \longrightarrow Cu^{2+} + 2e^-$

⑧ $Cu^{2+} + 2e^- \longrightarrow Cu$

⑨ $2Cl^- \longrightarrow Cl_2 + 2e^-$

⑩ $Na^+ + e^- \longrightarrow Na$

解説 ① 酸性水溶液中では OH^- が少ないので，H_2O が反応する。

② 酸性水溶液中では H+ が多いので反応する。

③ 塩基性溶液中では OH− が多いので反応する。

④ 塩基性水溶液中では H+ が少ないので，H2O が反応する。

⑤ 陽極では，I−＞OH−（H2O）の順で反応するので，I− が反応する。

⑥ KI水溶液はほぼ中性なので，H+ は少なく，陰極では H2O が反応する。K+ は反応しにくい。

⑦ 陽極が，Au, Pt, C 以外の金属でできている場合，外部電源に電子を奪われて陽イオンになり溶け出す。

⑧ 陰極では，イオン化傾向が小さい順に反応する。イオン化傾向は Cu2+＜H+ の順である。

⑨・⑩ 融解塩なので，Na+ と Cl− しかない。

3 (1) 9650 C

(2) 0.100 mol

(3)（陽極）$2H_2O \longrightarrow O_2 + 4H^+ + 4e^-$

（陰極）$Ag^+ + e^- \longrightarrow Ag$

(4)（陽極）O_2, 0.0250 mol

（陰極）Ag, 0.100 mol

🔒**重要事項　ファラデー定数**

電子 1 個がもつ電気量の大きさ

$= 1.6 \times 10^{-19}$ C

電子 1 mol 分の電気量 $= 9.65 \times 10^4$ C

1 A とは，1 秒間に導線のある断面を 1 C 分の電子，つまり $\frac{1}{9.65 \times 10^4}$ mol が流れている状態である。

🧑‍🏫**解説** (1)電気量＝電流×秒，$Q〔C〕= it$ より，

$Q = 5.00 \times (32 \times 60 + 10) = 9650〔C〕$

(2)ファラデー定数 $F = 9.65 \times 10^4$ C/mol より，

電子 1 mol で 9.65×10^4 C の電気量をもつので，

電子 $x〔mol〕$分の電気量

$= 9.65 \times 10^4 \times$ 電子の物質量 $x〔mol〕$

上の式より $Q = 9.65 \times 10^4 \times x$ がなりたち，

$x = Q \div 96500 = 9650 \div 96500 = 0.100〔mol〕$

🔒**重要事項　電流〔A〕と電気量〔C〕**

$Q〔C〕= it$, $x〔mol〕= \dfrac{Q}{9.65 \times 10^4}$

（x は電子の物質量）

---

(3)溶液は中性に近いので，陽極は H2O が OH− のかわりに反応する。陰極では，Ag+，H+ の順に反応するので，Ag が析出する。

(4)両極に流れる電子は 0.10 mol なので，

〔陽極〕 $O_2 : e^- = 1 : 4 = x : 0.100$

$x = 0.0250〔mol〕$

〔陰極〕 $Ag : e^- = 1 : 1 = x : 0.100$

$x = 0.100〔mol〕$

4 ① 一酸化炭素　② 銑鉄　③ 転　④ 鋼

🧑‍🏫**解説** ① コークスとは石炭を蒸し焼き（乾留）にしてつくった炭のことで，燃焼によって発生した CO や C によって金属の酸化物から酸素を奪う還元作用がある。

② 銑鉄は流動性が高く，型に入れると鋳物になる。硬いが衝撃には弱く割れることもある。

③ 転炉では，O2 を吹き込むことによって余分な炭素を CO2 にして除去している。

④ 炭素分が 0.02 ～ 2% のものをいい，硬さと柔軟性をあわせもち，建材などに利用される。

5 Zn, Fe, Ni

🧑‍🏫**解説** 問題のような銅の電解精錬を行うと，不純物を含んだ粗銅から純度の高い銅（純銅）を得ることができる。各極では，次の反応が起こっている。

陽極：$Cu \longrightarrow Cu^{2+} + 2e^-$

陰極：$Cu^{2+} + 2e^- \longrightarrow Cu$

銅よりイオン化傾向が大きい金属は陽イオンとして水溶液中に溶けだし，銅よりイオン化傾向が小さい金属は陽極泥として単体のまま沈殿する。

総まとめテスト ①　(p.58～p.59)

1 (1) ウ　(2) ウ

🧑‍🏫**解説** (1)1 価の陽イオンになりやすい原子は 1 族元素の原子である。生じるイオンは，① ア Be2+，イ F−，ウ Li+，エ イオンにならない，オ O2− となる。

(2)ホウ素は原子番号 5 番であるから，原子核は 5+ の電荷をもち，K 殻に 2 個，L 殻に 3 個の電子をもつので，ウが該当する。

2 (1) ウ　(2) ① b　② g

🧑‍🏫**解説** d の領域はすべて遷移金属であり，その他の領域はすべて典型元素である。

🔒**重要事項　元素の周期表**

a の領域は非金属元素の水素，

b の領域はアルカリ金属元素，

c の領域はアルカリ土類金属元素，

d の領域は遷移元素（金属元素），

e の領域は典型金属元素，

f の領域は非金属元素，

g の領域はハロゲン元素，

h の領域は貴ガス元素である。

---

3 (1) オ (2) エ

👤**解説** (1)**ア**．電子レンジでポリエチレン袋内の水を加熱すると沸騰して気体となり，体積が増大して袋はふくらむので，正しい。

イ．湿度が高くあたたかい室内に氷水が入ったガラスコップのような冷たい物質を置くと，空気中の水分が凝縮してその表面に水滴となって付着するので，正しい。

ウ．固体の物質が融解し，すべて液体に変化するまで温度は一定に保たれるので，正しい。

エ．1.013×10^5 Pa のもとで，水は 100℃で沸騰するので，正しい。

オ．水の密度は氷の密度より大きいため，同じ質量の水は，液体より固体のほうが体積が大きくなる。よって誤りである。

🔒**重要事項　気圧の大きさと単位**
1.013×10^5 Pa＝1 atm＝1 気圧

(2)**ア**．マンガン乾電池やアルカリマンガン乾電池はいずれも，正極に MnO_2 酸化マンガン（Ⅳ）が用いられるので，正しい。

イ．鉛蓄電池は，希硫酸中に鉛板と酸化鉛（Ⅳ）（鉛の表面に塗布）を浸した構造であるので，正しい。

ウ．酸化銀電池は，正極に酸化銀 Ag_2O が用いられているので，正しい。

エ．リチウムイオン電池は，鉛蓄電池やニッケルカドミウム電池と並ぶ，代表的な二次電池なので，誤りである。

4 ① 18 g ② 2.0 g

👤**解説** 正極と負極の式をまとめると，

$$O_2 + 2H_2 \longrightarrow 2H_2O$$

4 mol の電子が流れると 2 mol の水が生成し，2 mol の水素が消費される。

☑**注意** 「総まとめテスト ①」は，大学入試共通テストで出題される形式での問題を中心としている。この形式の出題に慣れるようにしておこう。

総まとめテスト ②　(p.60～p.61)

1 イ，エ

👤**解説** **イ**については，蒸留が正しい方法である。再結晶は溶解度の差を利用して溶液に溶けている物質をとり出す方法である。

エについては，分留が正しい。沸点の差を利用して，目的の物質を蒸発させて得る方法である。空気を圧縮すると，その主成分である N_2 と O_2 は分子間の距離が縮まり分子が分子間力にとらえられて液体に変化する。この状態で，ゆっくり加熱すると，まず N_2（沸点−196℃）が蒸発し，O_2（沸点−183℃）が液体として残った状態になる。実験で使う液体窒素や液体酸素はこのようにして得られたものであり，空気を冷やして得られたものではない。

2 (1) Y−2X＋3 (2) $A + \dfrac{B}{2}$

👤**解説** (1)このイオンは $^Y_X X^{3+}$ と表される。電子数は「原子番号−価数」より，X−3

中性子数は「質量数−原子番号」より，Y−X

よって，その差は，

中性子数−電子数＝(Y−X)−(X−3)
　　　　　　　　＝Y−2X＋3

(2)この2つの原子の中性子数を Y，X の原子番号を X，Z の原子番号を Z とすると，これらの原子は $^{X+Y}_X X$，$^{Z+Y}_Z Z$ と表される。

陽子数の和＝X＋Z＝2A　…①

X の質量数は Z より B 大きいのだから

X の質量数−Z の質量数＝B

(X＋Y)−(Z＋Y)＝B

X−Z＝B　…②

①＋②より，2X＝2A＋B

$$X = A + \dfrac{B}{2}$$

3 (1) エ，b (2) キ，c (3) イ，f
(4) オ，e (5) ア，d (6) ウ，a

👤**解説** (1)分子とは共有結合で結合した原子団をさす。分子どうしには，近距離でのみはたらく弱い分子間力がはたらき，分子運動の速度が小さい低温になると，この力で分子の場所が固定され固体となる。

(2)水分子の O がもつ非共有電子対を，電子をもたない H^+ に与えて配位結合をつくっているのがオキソニウムイオン H_3O^+ である。

(3)結晶1つが切れ目のない共有結合でつながっているので巨大分子ともいう。ダイヤモンド，水晶などがその例である。

(4)イオンは電子配置が貴ガスと同じになっており，安定なものである。＋と−の静電気力（クーロン力）によって強く結合している。せっこうは硫酸カルシウム $CaSO_4$ のことで Ca^{2+} と $SO_4{}^{2-}$ からなる。

(5) 不対電子を出し合い，共有電子対とするのが共有結合である。

(6) 自由電子による結合は金属結合である。いったん放出された自由電子には出身も区別もないため，いろいろな金属原子を混合しても結合は維持される。そのため，合金をつくりやすい。黄銅は5円玉に使われており，Cu と Zn の合金である。

4 **0.060 mol/L**

🔍**解説** 酸に余剰の塩基を与えてから，その後，酸を使って反応を完了させる滴定の方法(酸と塩基が逆でもよい)を**逆滴定**といい，この問題は逆滴定の問題である。中和は完了したのであるから，酸と塩基から放出される H^+ と OH^- の物質量は等しい。

酸は硫酸と塩酸，塩基は水酸化ナトリウム水溶液なので以下の式がなりたつ。

$$acv + a'c'v' = bc''v''$$

薄めた硫酸のモル濃度を c とすると，

$$2c \times 40 + 1 \times 0.010 \times 14 = 1 \times 0.020 \times 55$$
$$80c + 0.14 = 1.1$$
$$80c = 0.96$$
$$c = 0.012 \text{ mol/L}$$

これは原液 100 mL を 500 mL に 5 倍薄めたものなので，原液は 5 倍濃いことになる。

$$0.012 \times 5 = 0.060 \text{ mol/L}$$

5 (1)エ (2)① 正 ② 誤 ③ 誤 (3)エ

🔍**解説** (1)Mn それぞれの酸化数を x とすると，
ア．$2 + x + (-8) = 0$　$x = +6$
イ．$1 + x + (-8) = 0$　$x = +7$
ウ．$x + (-2) = 0$　$x = +2$
エ．$x + (-4) = 0$　$x = +4$
オ．$2x + (-6) = 0$　$x = +3$

(2)① $Zn + Cu^{2+} \longrightarrow Zn^{2+} + Cu$

② $Cl_2 + 2KBr \longrightarrow Br_2 + 2KCl$
Br の酸化数は，$-1 \longrightarrow 0$ に変化しているので酸化されている。塩素は強力な酸化剤である。

③ 陽極の反応は，
$$2H_2O \longrightarrow O_2 + 4H^+ + 4e^-$$
陽極では H^+ イオンが発生して酸性になる。

(3)同温・同圧・同体積の気体は種類によらず同数の分子を含むので，0.56 g の N_2 に含まれる分子数とある気体 0.88 g に含まれる分子数は同じである。つまり，同じ物質量である。

質量 m と物質量 x，分子量 M には $m = xM$ という関係がある。物質量はどちらの気体も同じなので x とすると

窒素では，$0.56 = x \times 28$，
ある気体では，$0.88 = x \times M$

この2つの式から x を消去すると，
$$0.88 = \left(\frac{0.56}{28} \right) \times M$$
$$M = \frac{28 \times 0.88}{0.56} = 44$$

分子量 44 の気体はプロパン C_3H_8 である。

6 (1)反応槽Ⅱ (2)a. $2Cl^- \longrightarrow Cl_2 + 2e^-$
b. $2H_2O + 2e^- \longrightarrow H_2 + 2OH^-$
c. $Zn \longrightarrow Zn^{2+} + 2e^-$
d. $2H^+ + 2e^- \longrightarrow H_2$
(3)a (4)b, d (5)反応槽Ⅱ (6)6.5 g 減少

🔍**解説** (1)電池は2種類の電極が電解質に浸されている。

(2)反応槽Ⅰは食塩水の電気分解，反応槽Ⅱはボルタ電池である。

(3)陽極は電池の正極につながっている。

(4)e^- を受けとる反応なので，e^- が左辺に書いてある反応。

(5)H_2O_2 はボルタ電池の減極剤である。

(6)$Zn \longrightarrow Zn^{2+} + 2e^-$ より，
Zn : e^- = 1 : 2 = x : 0.20
$x = 0.10$ mol
$m = xM = 0.10 \times 65 = 6.5$ g

総まとめテスト ③　(p.62〜p.63)

1 (1)E (2)D (3)D (4)F_2B (5)B と C
(6)A (7)E (8)F (9)D

🔍**解説** 化学反応の多くは，最外殻を回る電子のやりとりで起こる。内側の軌道の電子は，最外殻の電子の運動に遮られるので，外部から干渉することも外部へ力をおよぼすこともできない。つまり，反応には関与しない。価電子数は0〜7のいずれかであり，価電子数が同じ原子は似た性質になる。

(1)最外殻がK殻の場合は2個，他の電子殻の場合は8個の状態を**閉殻(構造)**といい，最も安定で化学反応をほとんどしない。この状態の価電子数を0とする。つまり，貴ガスはすべてこれにあたる。

(2)価電子数は7が最大である。

(3)原子は最外殻電子の数を最も安定な8個(K殻は2個)にしようとする性質をもっている。貴ガス以外は8個ではないので，電子を出し入れして8個に

しようとするのがイオンである。1価の陰イオンになるということは、最外殻が7個であることを意味している。

> 🔒**重要事項　イオンと最外電子殻**
>
> 　イオンの電子配置は、原子番号が最も近い**貴ガス**と同じになる。

(4) B の価電子数は 6 なので、2 個電子をもらって 2 価の陰イオンになる。F の価電子数は 1 なので、1 個電子を放出して 1 価の陽イオンになる。つまり、B^{2-} と F^+ のイオン化合物。

(5) 陽子数(電子数)が等しく、質量数(中性子数)が異なる組み合わせを選ぶ。

(6) 典型元素の同族元素は価電子数が同じ。

(7) 価電子数 0 の貴ガスは反応性に乏しく、安定している。

(8) 最も電子を放出しやすい=陽性が強い=周期表の左下にある原子。

(9) 最も電子を受けとりやすい=陰性が強い=同一周期ならば、ハロゲンが最も大きい。

2 (1) アとオ　(2) ウ　(3) ア, オ　(4) 48
(5) 8 L

🧑‍🏫**解説** (1) 総電子数=原子番号の和−価数より、

ア．$48-(-2)=50$
イ．$31-(-1)=32$
ウ．$11-1=10$
エ．$40-0=40$
オ．$47-(-3)=50$

(2) 出題の順に三態の状態を示すと以下のようになる。

ア．気体, 液体, 固体
イ．固体, 気体, 固体
エ．固体, 固体, 気体

常温・常圧で液体のものは Hg と Br_2 のみ。気体のものは貴ガスと H, O_2, N_2, F_2, Cl_2。

(3) アは三角錐形、オは正四面体形。

(4) M の原子量を x とすると、MO_2 の式量は $(x+32)$ となる。M はその 60% の質量なので、

$$(x+32) \times \frac{60}{100} = x$$
$$0.6x + 19.2 = x$$
$$0.4x = 19.2$$
$$x = 48$$

(5) $3O_2 \rightarrow 2O_3$ より、3 L の O_2 が 2 L の O_3 に変化する。その結果、気体としての全体積が 1 L 減少する。いいかえれば、1 L の体積が減少すれば 2 L の O_3 が

できている。問題では 4 L 減少しているので 8 L の O_3 ができたと考えられる。

3 (1) 面心立方格子　(2) 8 個
(3) 7.5×10^{22} 個　(4) 3.5 cm^3　(5) 3.5 g/cm^3

🧑‍🏫**解説** (1) 立方体の頂点 8 か所と面の中央 6 か所に ● が存在している。

(2) 白丸 4 個は立方体内部にある。●の内、8 個は頂点($\frac{1}{8}$ 個に相当)にあるため正味の数は、$8 \times \frac{1}{8}$ =1〔個〕。6 個は面の中央($\frac{1}{2}$ 個に相当)にあるため、正味の数は $6 \times \frac{1}{2} = 3$〔個〕。合計 8 個となる。

(3) 1 単位格子あたり 8 個なので、

$$6.0 \times 10^{23} \div 8 = 0.75 \times 10^{23}$$
$$= 7.5 \times 10^{22} 〔個〕$$

(4) (1 単位格子分の体積)×(1 mol 分の単位格子数)なので、

$$4.6 \times 10^{-23} \times 7.5 \times 10^{22} = 34.5 \times 10^{-1} ≒ 3.5 \text{ cm}^3$$

(5) 密度=1 mol 分の質量÷1 mol 分の体積

$$12 \div 3.45 ≒ 3.5 \text{ g/cm}^3$$

4 (1) ウ　(2) 0.01　(3) 42 g　(4) エ
(5) $H_2O_2 > SO_2 > H_2S$

🧑‍🏫**解説** (1) アは塩基性塩。イは酸性塩で強酸+強塩基の組み合わせで、まだ中和されていない H^+ が残っているので酸性。ウは酸性塩で強塩基+弱酸の組み合わせで、まだ中和されていない H^+ が残っているがほとんど電離しないので塩基性。エは正塩、オは正塩。

(2) アンモニア水のモル濃度 c' を求める。

$acv = bc'v'$ より、

$$2 \times 0.10 \times 50 = 1 \times c' \times 100$$
$$c' = 0.10 \text{ mol/L}$$

このアンモニア水の「OH^-」を求めると、

pH=11 なので、$[H^+] = 10^{-11} \text{ mol/L}$
$[H^+][OH^-] = 10^{-14}$ より、

$$10^{-11} \times [OH^-] = 10^{-14}$$
$$[OH^-] = 10^{-3} \text{ mol/L}$$

$[OH^-]$=価数×モル濃度×電離度 より、

$$10^{-3} = 1 \times 0.10 \times \alpha$$
$$\alpha = 10^{-2} = 0.01$$

(3) 希硫酸のモル濃度を求める。

$$モル濃度 = \frac{密度 \times 百分率 \times 10^{-2}}{溶質の分子量} \times 1000$$

より、$c = \dfrac{1.40 \times 0.49}{98} \times 1000$

$$c = 7.0 \text{ mol/L}$$

中和に必要な NaOH（純度 100%）の物質量を x とすると，

$acv = bx$

$2 \times 7.0 \times 0.060 = 1 \times x$

$x = 0.84$〔mol〕

純度 100% の NaOH であれば，$0.84 \times 40 = 33.6$〔g〕必要であるが用意されているのは純度 80% のものなので，その質量を y〔g〕とすると，

$y \times \dfrac{80}{100} = 33.6$

$y = 33.6 \div 0.80 = 42$〔g〕

(4) H_2O_2 は通常酸化剤としてはたらくが，強い酸化剤と反応するときは還元剤としてはたらく。この中で Fe は $+2 \rightarrow +3$，Sn は $+2 \rightarrow +4$，S は $-2 \rightarrow 0$ に酸化される変化をするが，$KMnO_4$ は強力な酸化剤としてはたらき，Mn は $+7 \rightarrow +2$ に還元される。

(5)「酸化力が強い順＝還元されている順」ということなので，各反応で還元されているものを判定する。

A．$O：-1 \rightarrow -2$ 　$S：+4 \rightarrow +6$

O が還元されているので，$H_2O_2 > SO_2$

B．$S：-2 \rightarrow 0$ 　$O：-1 \rightarrow -2$

O が還元されているので $H_2O_2 > H_2S$

C．SO_2 の $S：+4 \rightarrow 0$ 　H_2S の $S：-2 \rightarrow 0$

SO_2 が還元されているので，$SO_2 > H_2S$

A ～ C より，$H_2O_2 > SO_2 > H_2S$

5 (1)① NaCl ② CO_2 (2) イ

(3) **0.10 mol/L**

解説 (1)弱酸と強塩基の塩は塩基性を示す。Na_2CO_3 を水に溶かすと，塩の電離度が大きいため，ほぼ 100% 以下のように電離する。

$Na_2CO_3 \longrightarrow 2Na^+ + CO_3^{2-}$

しかし，CO_3^{2-} はもともと弱酸から生じた陰イオンであるため，強酸を加えると元の弱酸を生じる。HCl が入ってくると，ただちに H^+ イオンを受けとり HCO_3^- になる。(第一段階の中和)

$CO_3^{2-} + H^+ \longrightarrow HCO_3^-$

この式に，溶液中にある Na^+，HCl からの Cl^- を書き加えると，

$2Na^+ + CO_3^{2-} + H^+ + Cl^-$

$\longrightarrow 2Na^+ + Cl^- + HCO_3^-$

となる。整理すると，

$Na_2CO_3 + HCl \longrightarrow NaCl + NaHCO_3$

となり，第一段階の中和は完了する（a 点）。

さらに，$NaHCO_3$ は以下のように，ほぼ 100% 電離する。

$NaHCO_3 \longrightarrow Na^+ + HCO_3^-$

発生した HCO_3^- も強酸を加えると，さらに弱酸となる反応が進む。HCl が入ってくるとただちに H^+ を受けとり CO_2 になる。

（第二段階の中和）

$HCO_3^- + H^+ \longrightarrow CO_2 + H_2O$

この式に溶液中にある Na^+，HCl からの Cl^- を書き加えると，

$Na^+ + HCO_3^- + H^+ + Cl^-$

$\longrightarrow Na^+ + Cl^- + CO_2 + H_2O$

となる。整理すると，

$NaHCO_3 + HCl \longrightarrow NaCl + CO_2 + H_2O$

となり（b 点），中和反応が完了する。

このように 1 つの Na_2CO_3 は HCl から 2 段階で H^+ を受けとるので 2 価の塩基と考えることができる。

(2) 第一段階の中和で発生した $NaHCO_3$ は弱塩基性を示す塩である。したがって，中和点も弱塩基性なので，その領域で変色するフェノールフタレインを先に入れておくとよい。中和点付近では，**赤色→無色**の変色をする。

　第二段階の中和で発生した CO_2 は再び水に溶けて弱酸性を示すので，中和点も弱酸性となる。したがって，その領域で変色するメチルオレンジを使うのがよい。中和点付近では，**黄色→赤色**の変色をする。最初から，両方入れるとメチルオレンジの黄色のため，変色が判定しにくくなる。

(3) 1 価の酸と 2 価の塩基の中和反応であり，滴定に要した HCl 水溶液はグラフから 20 mL と判断できる。

$acv = bc'v'$ より，

$1 \times 0.10 \times 20 = 2 \times c' \times 10$

$c' = 0.10$ mol/L